U0954624

ORIGINAL POINT PSYCHOLOGY | 源心理

幸福

日常的正念

[法]一行禅师◎著
林嘉俊◎译

华龄出版社
HUALING PRESS

北京市版权局著作权合同登记号　图字：01-2025-0915 号

图书在版编目（CIP）数据

幸福 / （法）一行禅师著 ； 林嘉俊译. -- 北京 ： 华龄出版社, 2025. 4. -- ISBN 978-7-5169-2959-9

Ⅰ. B82-49

中国国家版本馆 CIP 数据核字第 2025Y745Z1号

策　划　颉腾文化　　责任印制　李未圻
责任编辑　苗昊聪

书　名	幸福	作　者	[法] 一行禅师
出版发行	华龄出版社 HUALING PRESS		
社　址	北京市东城区安定门外大街甲 57 号	邮　编	100011
发　行	（010）58122255	传　真	（010）84049572
承　印	涿州市京南印刷厂		
版　次	2025 年 4 月第 1 版	印　次	2025 年 4 月第 1 次印刷
规　格	880mm × 1230mm	开　本	1/32
印　张	5.75	字　数	112 千字
书　号	ISBN 978-7-5169-2959-9		
定　价	59.00 元		

目录

- **引言**

- **日常练习**

• 饮食练习

• 身体的练习

• 关系与社群练习

• 延伸练习

• 与孩子一起练习

• 结语

引言

正念是当下觉醒的能量，它是每一刻深入触碰生活的持续修习。修习正念并不要求我们去往任何不同之地。我们可以在自己的房间或是从一处前往另一处的途中修习正念。我们可以做那些我们一直在做的事情——走路、坐下、工作、吃饭、交谈，只是对所做之事保持觉察。

试想一下你与一群人站在一起，凝视着美丽的日出。然而，当他人沉浸在景色中时，你却难以投入。你的心中被各种计划和忧虑占据，思绪在未来与过去之间徘徊。你并未真正置身于此，去欣赏眼前的景致。于是，你错过了这一刻的丰盈与美好。

假如，你换一种方式。当心思飘散时，将注意力转向自己的吸气与呼气。当你练习深呼吸时，你便把自己带回到当下。身心合一，你得以全然临在，见证、观赏并享受这番景色。通过回到自己呼吸的“家园”，你重新找回了日出的奇妙。

我们常常忙碌到忘记自己在做什么，忘记了自己是谁。我认识许多人，他们说自己甚至忘了呼吸。我们常常忘记去好好看看所爱的人，对他们表达感激，直到他们离去，才想起要去珍惜。即使当我们有些闲暇，也不懂得如何接触自己内在正在发生的事情。于是我们打开电视或拿起电话，仿佛能借此逃离自己。

对呼吸的觉知是正念的基础。正念是幸福与喜悦的源泉。每个人心中都有正念的种子，但我们往往忘了去浇灌它。如果我们懂得如何安住于自己的呼吸和步伐，便能接触内在平和与喜悦的种子，让它们显现，给我们带来喜乐。我们并不是皈依于上帝、佛陀等抽象概念，而是意识到在我们的呼吸与步伐中便能触及生命中的美妙。

这听起来很简单，每个人都可以做到，但我们需要一些训练。止的修习是关键。怎么样才能停下来呢？我们可以通过吸气、呼气以及我们的步伐来帮助自己停下来。正因如此，我们的基本修习便是是正念呼吸与正念步行。掌握了这些方法之后，接着你可以练习正念进食、正念饮水、正念烹饪和正念驾驶等。如此一来，你便能始终安住在此时此地。

正念（梵语 smrti）的修习带来正定（samadhi），而正定会带来智慧（prajña）。正念修习所获得的智慧，能帮助我们从恐惧、焦虑和愤怒中解脱，从而获得真正的幸福。一些简单的事物，比如一朵花，也能用来修习正念。当我手拈一朵花时，我觉察到它的存在。我的吸气与呼气帮助我保持这份觉察，让我得以持续享受花朵之美，而被不被其他念头所淹没。正定本身也成了喜悦的源泉。

若要全然享受生命的馈赠，我们必须时刻保持正念，无论是刷牙、做早餐，还是开车上班。每一个脚步、每一次呼吸，都可以是喜悦与幸福的机会。生命中充满苦难，如果我们没有足够的幸福储备，就无法照顾好内心的绝望。以放松、温柔的态度，带着开放与包容的心来享受练习。为了增进理解和智慧而练习，而非追求形式或表象。通过正念，我们能保持内在的喜悦，从而更好地应对生活中的挑战。我们可以构筑一个自由、平和与爱的内在家园。

日常练习

正念呼吸

在日常生活中，我们呼吸着，却常常忘记了自己在呼吸。将注意力带回到自己的吸气和呼气，是所有正念修习的基础。这被称为正念呼吸，或是觉知呼吸。方法十分简单，效果却极其深远。平日里，我们常常身体在这里，心却游离在别处。注意自己的入息和出息，便能把心带回到身体。刹那间，我们真正抵达了当下，全然临在于此时此地。

正念呼吸就像在喝一杯清凉的水。随着吸气，我们真切地感受到空气充满肺部。无须刻意控制自己的呼吸，只需如实地感受呼吸的状态，或长或短，或深或浅。在我们的觉知中，它会自然而然地变得更慢更深。正念呼吸是让身心合一，使正念的能量融入生命中每一刻的关键。

无论我们的内在天气——我们的想法、情绪和感知如何，呼吸都如同一位忠实的朋友，始终陪伴着我们。每当感到心被拉走，深陷情绪之中，或被困于对过去或未来的思虑时，我们都可以回到呼吸，收拾安顿自己的心。

练习

随着吸气和呼气，感受空气从鼻腔进出。起初，你的呼吸或许并不放松，但经过一段时间的正念呼吸练习后，你会感受到呼吸变得多么轻盈自然、平静安详。无论你是在走路、打字、做园艺，还是在做任何事情，你都可以回到这平和的生命之源。

你可以默念：

吸气，我知道我在吸气。
呼气，我知道我在呼气。

几次呼吸后，你可以简化为“吸，呼。”如果你从头到尾一直跟随自己的吸气和呼气，你的心就能不再追逐思绪。这时候你的心便有机会得到休息。在日常生活中，我们常常思虑过度，让心有机会停下来真是非常美妙。

“吸气，我知道我在吸气”并不是一个想法，而是单纯地觉知，觉知正在发生的事——你在吸气和呼气。当你吸气并将注意力带到吸气时，你便将心带回了身体。仅仅一次吸气，就能让心灵与身体重新合一。身心合一，你便能真正安住于当下此刻。

“吸气，我知道我在吸气”也意味着“吸气，我感受到自己活着。”生命在你之内，生命也在你周围——那些生命中的奇迹：阳光、蓝天、秋叶。回到当下此刻，接触内在与生命周围中那些疗愈、清新和滋养的元素非常重要。一个轻轻的微笑足以放松你脸部的所有肌肉。

吸气，我觉察蓝天。
呼气，我对蓝天微笑。

吸气，我觉知美丽的秋叶。
呼气，我对美丽的秋叶微笑。

你可以简化为：吸气时默念“蓝天”，呼气时默念“微笑”；然后，吸气时默念“秋叶”，呼气时默念“微笑”。当你这样练习呼吸时，便能接触到生命中所有的奇迹。生命的美好滋养着你，让你从忧虑和恐惧中解脱出来。你可以接触到自己的呼吸和身体。你的身体是一个奇迹。你的眼睛是个奇迹；只需睁开双眼，你便能接触到色彩斑斓的世界。你的耳朵是个奇迹；感谢它们让你能听到各种声音：音乐、鸟鸣和松涛。当你关注吸气和呼吸时，你便将自己带回了当下一刻，回到了此时此地，如此一来，你便接触到了生命。若你继续迷失于过去或追逐着未来，你将错失这一切。

吸气，我从头到尾一直跟随我的吸气。
呼气，我从头到尾一直跟随我的呼气。

起初，你可能会注意到呼吸有些费力或不自然。你的呼吸是身体和感受的结果。如果你的身体紧张或疼痛，或是有痛苦的感受，那么你的呼吸也会受到影响。将注意力带到呼吸上，正念地呼吸。

吸气，我知道我在吸气。
呼气，我知道我在呼气。

吸气，我对吸气微笑。
呼气，我对呼气微笑。

不要尝试影响你的呼吸。若你的吸气短促，就让它短促。若它不太平静，就让它如此。我们无须干预、影响或“操控”呼吸。我们只是觉知它，一段时间过后，呼吸的质量自然会改善。正念呼吸会识别并拥抱我们的入息和出息，就如母亲回家拥抱她的孩子，温柔地将孩子搂在怀中。你会惊讶地发现，在一两分钟后，呼吸的质量会有所改善。你的入息渐深，出息渐慢，呼吸会变得更平静和谐。

吸气，我注意到我的吸气变得更深。
呼气，我注意到我的呼气变得更慢。

当你察觉吸气和呼气变得更平和、深长、缓慢时，你可以将这份平和、宁静与和谐送给身体。在日常生活中，你可能会忽略或漠视自己的身体。现在正是你回到身体的家园，认出它的存在，重新熟悉并与之成为朋友的机会。

吸气，我觉知全身。
呼气，我释放身体中的所有紧张。

这些呼吸练习，是禅修者一代一代传承下来的。它们非常简单，就如孩子的游戏一般。如果觉得有帮助的话，你可以将手放在腹部。你会留意到，随着吸气，腹部会上升；随着呼气，腹部会下降。上升，下降。尤其是在躺下时，很容易便能感受到腹部的起伏。对自己的吸气和呼气保持觉知，由始至终。这样的呼吸是十分愉悦的。你不再想东想西，想着过去、未来、计划或是你的痛苦。呼吸成了一种乐趣，一种对生命的提醒。

吸气，我享受吸气。
呼气，我享受呼气。

随后，当你的身体已经能够感受这份平静与和谐，并释放紧张时，你便可以识别自己的感受和情绪。

吸气，我觉知内在的痛苦感受。
呼气，我对内在的痛苦感受微笑。

我们有痛苦的感受，但也有正念。正念就像一位母亲，温柔地拥抱感受。正念总是有其对象。当你正念呼吸时，那是对呼吸的正念；当你正念行走时，那是对行走的正念；当你正念喝水时，那是对喝水的正念；当你正念觉知感受时，那便是对感受的正念。正念可以被带到每一个身体和心理的活动中，带来觉知和解脱。

我想送你一首修行的诗，你可以在呼吸和微笑时默念：

吸气，我知道我在吸气。
呼气，我知道我在呼气。

吸气，入息渐渐深长，
呼气，出息渐渐缓慢。

吸气，我平静身体，
呼气，我感到自在。

吸气，我微笑，
呼气，我放下。

安住在当下一刻，
我知道这是美妙一刻。

你可以简化为以下词语，每呼吸一次默念一个词或短语：

入，出。
深，慢。
平静，自在。
微笑，放下。
当下一刻，美妙一刻。

当下此刻是唯一真实的一刻。你最重要的任务，就是安住于此时此地，享受当下一刻。

坐禅

坐禅是我们回归家园、全然关注和照顾自己的一种方式。每当我们坐下时，无论是在客厅、树下或是坐垫上，我们将注意力带到内在和周围的一切。我们让心胸变得宽广，让情感变得柔软和慈悲。只需这样静坐几分钟，我们便能完全恢复自己。当我们平静地坐着，带着觉知来呼吸与微笑时，我们便拥有了对自己的主导权。

坐禅非常疗愈滋养。我们可以与内在的一切同在，无论是痛苦、愤怒、烦躁、喜悦、爱还是平静。我们与一切同在，而不被它们带走。我们让它到来，让它停留，然后让它离去。我们无须压抑、抗拒或假装这些念头不存在。反之，我们可以以接纳与慈爱的目光来观察心中的念头和画面。尽管内心有风暴生起，我们依然保持平静与安稳。

安坐呼吸，我们在此时此地创造出自己真正的存在，并将其献给我们的社群和整个世界。这便是坐禅的目的：安住于此，全然活着，全然临在。

练习

坐禅应当是一种喜悦，要以一种让自己在整个坐禅过程中感到幸福快乐和放松的方式安坐。禅坐并非一份苦差事，而是一个机会，让你来享受自己、家人、同修、地球、天空和宇宙的存在。

若你坐在坐垫上，要确保其厚度适合自己。你可以选择莲花坐、半莲花坐、散盘或是任何你觉得最舒适的姿势。保持背部挺直，双手轻轻交叠放在腿上。若你坐在椅子上，确保双脚平放在地板或垫子上。如果你的双腿或脚感到麻木或开始疼了，可以有意识地调整姿势。你可以通过跟随呼吸来保持专注，轻缓地改变姿势。

让身体的所有肌肉放松，不要挣扎或对抗。有些人在坐禅15分钟后感到全身疼痛，因为他们努力保持姿势，试图坐禅成功。其实只需让自己放松，就像坐在海边一样。

在静坐的时候，一开始先跟随吸气和呼气。每当一种感受升起，辨识它。每当一个念头出现，识别并认出它。观察坐禅期间身心在发生什么，你可以从中学到许多。重点是，坐禅是个什么都不做的机会。你完全无需做任何事；只需享受坐着，享受吸气和呼气。

吸气，我知道我活着。

呼气，我向内在与周围的生命微笑。

活着是一个奇迹。仅仅只是坐在那里，享受着吸气和呼气，就已经是幸福。因为你在吸气和呼气，你知道自己还活着。这是件值得庆祝的事。因此，坐禅就是一种以你的呼吸来庆祝生命的方式。

让身体完全放松很重要。不要费力。只需享受坐着，接纳自己如你所是。就算身体有些紧张，心中有些苦痛，也要接纳这样的自己。以正念呼吸的能量拥抱自己的身心，让自己处于放松的姿势，享受呼吸。

吸气，我已到了。

呼气，我到家了。

你无须再奔跑了。你真正的家就在此时此地。你安稳、自在。你可以微笑，放松脸上所有的肌肉。

要能成功坐禅，我们需要一些训练。我们太习惯于总是要做些什么 —— 无论是心还是身体。以至于在刚开始的时候，坐下来什么都不做，可能会感到困难。当纳尔逊·曼德拉（Nelson Mandela）访问时任法国总统弗朗索瓦·密特朗（Francois Mitterrand）时，记者问曼德拉他最想做什么。他说：“我最想做的就是坐下来，什么都不做。自从出狱以来，我一直忙得没时间安坐和呼吸。所以我最想做的就是坐下来，什么都不做。”

如果真的给曼德拉几天时间坐着什么都不做，他会享受安坐吗？因为对大多数人来说，坐着什么都不做似乎并不容易。我们习惯于总是要做些什么。我们需要一些训练才能够坐着并享受静坐，什么都不去做并享受什么都不做。我们每个人都有总要做些什么的习惯。若我们不做些什么，我们就无法忍受。因此，坐下来什么都不做是一门艺术，是禅坐的艺术。

如果你难以集中注意力，数息会是一个非常好的技巧。吸气，数“一”，呼气，数“一”；吸气，数“二”，呼气，数“二”。继续一直数到十，然后从头开始。如果在任何时候你忘记数到哪里，就从“一”开始。数息能帮助我们避免纠缠于烦恼的念头，而让我们专注在呼吸和数字上。当我们对自己的思绪有了一定掌控之后，数息可能会变得乏味，那我们就可以抛开它，而只跟随呼吸。

如果你将禅修视为一场要到达某种境界的奋斗，努力去争取成功，那么你将无法放松。望向窗外，或许那里伫立着一棵菩提树或是橡树。树很美丽、很健康，全然地在做自己。那棵树似乎完全无须做任何努力。它只是允许自己如其所是，让自己清新、翠绿、安稳。也许那棵树在一座山上。山坚实而稳固，毫不费劲地支撑着各种各样的生命，不带一丝紧张和压力，也无须做任何努力。在修习坐禅的时候，你如山一般安稳而坚实。

你可以这样练习：

吸气，我看到自己是一座山。

呼气，我享受内在的安稳。

要想禅坐成功，就需要释放自己身体和感受中的紧张。调整坐姿，让身体坐得舒适。当你开始吸气和呼气时，享受吸气和呼气。放下一切挣扎，享受静坐和微笑。有机会这样安静地坐着，是一个珍贵的时刻。你是自己的岛屿。此刻没有人能要求你做任何事。没有人会打扰你，没有人有权问你问题，或是让你去洗碗或打扫浴室。这是放松和做自己的宝贵机会。

行禅

我的思想可以散乱于十方。
但我平安地走在这路上。
每一步，微风送凉。
每一步，百花盛放。

我们总是在行走，但通常更像是在奔跑。我们匆忙的步伐在大地上印下了焦虑和悲伤。若我们能带着平和迈出一步，我们便能为人类和地球的和平与幸福迈出两步、三步、四步、五步。

行禅只为了享受行走。行走而不为到达某处，这便是其中的要诀。梵文中有个词“apranihita”，意为无愿或无作。它的意思是，我们不要将任何东西置于自己之前，然后去追逐它。在修习行禅时，我们要以这种精神来行走。我们只是享受行走，没有特定的目标或目的地。我们的行走不是达到目的的手段。我们行走，只是为了行走。

我们的心往往会从一件事跳到另一件事，就像猴子不停歇地在树枝间荡来荡去。念头有数百万条路径，而它们总是把我们拉到失念的世界。若我们能将脚下的道路转化为禅修的场地，我们的双脚将带着全然的觉知去走每一步。我们的呼吸会与脚步相协调，心自然也会自在放松。所走的每一步都会增强我们的平和与喜悦，并带来一股平静的能量流过我们身心。然后我们可以说："每一步，微风送凉。"

你可以在任何时候修习行禅，即使只是从车里走到办公室，或从厨房走到客厅。当你要步行到某处时，给自己留出足够的时间修习；不要只给自己三分钟，而是留出八或十分钟时间。我总是提前一个小时到达机场，以便在那里修习行禅。朋友们想让我留到最后一刻，但我都会拒绝。我告诉他们，我需要这些时间。行禅就像吃饭，每一步，我们都在滋养身体和心灵。当我们带着焦虑和悲伤行走时，就如同在吃垃圾食物。行禅的食粮应该是更高质量的。只需缓步慢行，享受一顿和平的餐宴。

和平主义者穆斯特（A.J.Muste）说："没有通向和平的道路；和平本身就是道路。"正念行走带给我们平和与喜悦，让我们的生命变得真实。何必匆忙？我们的最终目的地只会是坟墓。何不朝着生命的方向行走，在每一步中享受每一刻的和平。无须挣扎，享受你所走的每一步。每一步都能带你回到此时此地的家。这是你真正的家——因为只有在这一刻，在这一处，生命才成为可能。我们已经到了。

地球是我们的母亲。当我们远离大自然太长时间，我们会生病。在行禅中走的每一步都让我们接触到母亲，这使我们康复。大地母亲已经受到了很多伤害，现在是时候用我们的双脚亲吻大地，疗愈我们的母亲了。

有些人可能无法走路。当我们在禅修营中修习行禅时，每个无法行走的人都会选一位正在修习行禅的同伴来观察，并与其融为一体，带着正念跟随他的脚步。这样，即便自己没办法走路，也能与伙伴一起迈出平静安详的步伐。

我们这些拥有健康双腿的人，一定不能忘记感恩。我们为自己行走，也为那些无法走路的同伴行走。我们为过去、现在、未来的一切众生行走。

练习

刚开始练习行禅时，你可能会感觉难以平衡，就如同婴儿在迈出她的第一步。跟随呼吸，正念地专注于你的脚步，很快你便能找到平衡。想象一只老虎在缓步前行，你会发现自己的步伐变得像它一样庄严。

你可以从清晨行禅开始练习，让晨间空气的纯净能量渗透全身。你的动作会变得流畅，心会变得警觉。在接下来的一天中，你会发现自己对行为有了高度的觉知。在行禅之后再去做决策时，你会发现自己更加平静、清晰，有了更多的洞见与慈悲。你所迈出的每一个平静的脚步，都会让远近一切众生受益。

当你步行时，专注于你走的每一步。慢慢地走，不要匆忙。每一步都将你带至生命中最美好的时刻。在行禅中，你可以练习去觉察每次呼吸所走的步数。留意每一次呼吸，看看你在吸气和呼气时走了多少步。行禅时，我们要让脚步来配合呼吸，而不是反过来。吸气时，走两或三步，这取决于你的肺容量。如果走两步后你的肺部需要吸气，那就只走两步。如果你觉得三步更舒服，那就让自己走三步。呼气时，同样也要“倾听”你的肺部。要了解自己的肺部需要呼气时走多少步。

你的吸气通常会比呼气短一些。因此，你可以从“吸气走两步，呼气走三步”开始练习：2-3；2-3；2-3。或是，3-4；3-4；3-4。随着练习的深入，我们的呼吸自然会变得更缓慢，更放松。若你感觉自己需要在吸气时多走一步，那就请允许自己享受它。若你感觉自己想要在呼气时多走一步，那么就允许自己在呼气时多走一步。每一步都应该是令人愉悦的。

不要试图去控制自己的呼吸。允许你的肺部有足够的时间和空气，只需留意肺部充盈时你走了多少步，肺部排空时你走了多少步，同时对呼吸和脚步保持正念。计数便是连接的桥梁。

在上下坡的时候，每次呼吸所走的步数也会改变。始终跟随肺部的需求，深入观察它们。别忘了微笑，你的微笑会为你的步伐和呼吸带来平静与喜悦，并帮助你保持专注。练习半小时或一小时后，你会发现呼吸、脚步、计数以及微笑自然地融为了一体。

经过一段时间的修习后，你会发现吸气和呼气的长度会变得更为接近。你的肺部会更健康，血液循环也会更好。你的呼吸方式将会得到转化。

我们可以通过计步数或借助一些话语来修习行禅。例如，若我们的呼吸节奏是3-3，我们可以在行走时默念：“莲花开，莲花开”，或“绿星球，绿星球”。若呼吸节奏是2-3，我们可以默念“莲花，莲花开”。若我们吸气走五步，呼气走五步，那我们可以默念：“走在大地上，走在大地上。”或“走在大地上，我走在大地上”，来对应5-6。

我们不仅仅只是说出这些话语。我们真的看到脚下有花朵绽放。我们真的与我们的绿色星球合而为一。你可以自由地运用自己的创造力和智慧，创造属于自己的短句。以下是我写的一些诗句：

步步安乐行，
闪耀红日即此心，
花儿与我同微笑。
万类青苍何清新，
清风徐来何清凉。
步步安乐行，
无尽路途作喜乐。

每天，你都要走路，因此将行禅融入生活之中并不用花大量额外的时间，也不需要你专门到不同的地方去。选择一处地方每天修习行禅，可以是楼梯、步道，或从一棵树到另一棵树之间。每一条路都可以成为行禅的道路。

醒来

我们可以用一个微笑的幸福以及投身爱与理解之道的愿望，来开启一天。觉知到今天是崭新的一天，我们拥有 24 小时的宝贵时光去生活。

练习

当你早晨醒来睁开双眼时，可以默念这首短诗，也称为偈颂：

醒来我微笑，
全新的一天。
愿觉醒生活，
慈眼视众生。

为了要能理解他人，我们必须要设身处地来体会他们的内心世界。这样，我们才能以慈爱对待他人。爱的源泉是我们完全觉醒的心。

醒来后，你可能会拉开窗帘，看看外面。或许还想要打开窗户，感受清晨凉爽的空气，小草上的露珠还未消散。开窗眺望，满目尽是生命的无穷美妙。就在那一刻，你可以发愿要在觉醒中度过一整天，实现喜乐、平和、自在与和谐。当你这样做时，你的心会变得犹如平静的河流一般清澈。

在享受三次深呼吸将自己带到正念之中后，试着立即起床，不要赖床。你可以坐起来，轻柔地按摩头部、颈部、肩膀和手臂，以促进血液循环。你也可以做一些伸展运动，放松关节，唤醒身体。早上起来后喝一杯温水，对我们的身体系统很有益处。

在出发去工作、上学或前往禅堂前，请让自己有充足的时间梳洗，无须匆忙。若时间尚早，那就欣赏一下拂晓的星空。繁星闪烁着向我们打招呼。深深呼吸，享受清凉清新的空气。当你缓缓地走向车子、学校、工作地点或禅堂时，让清晨的气息充满你，唤醒身心，迎接新一天的喜悦。

还有什么比用微笑来开始一天更好呢？你的微笑代表着你要活在平和与喜悦之中的觉悟和决心。有多少日子在失念中流逝？你如何度过自己的人生？深入观照，微笑。真正的微笑源自觉醒的心。

要怎样才能记得在醒来时微笑呢？你可以在窗前或床头的天花板上挂一个提示物，譬如一根树枝，一片叶子，一幅画或一些鼓舞的话语。一旦你养成了微笑的习惯，你可能就不再需要提醒了。当你听到鸟鸣或看到阳光透过窗户洒进来时，你会自然而然地微笑。而这将会让你带着更多的温柔和理解来迎接新的一天。

钟声

有时候，我们需要一个声音来提醒自己回到正念呼吸，我们称这些声音为“正念钟声”。在梅村和其他梅村传承的修习中心，每当听到电话铃声、时钟的报时声或寺院的钟声时，我们都会停下来。这些都是我们的正念钟声。听到钟声时，我们停止说话或行走，放松身体，正念呼吸。我们很自然、很享受地去做这件事，不必严肃或生硬。停下来，呼吸，我们重拾平静、安详与自在，更能享受正在做的事情，身边的朋友更见真实。

有时候，可能我们的身体在家里，但我们并没有真正地在家，我们的心在别处。钟声可以帮助我们把心带回到身体。这就是我们的修行。钟声可以帮助我们回到自己，回到当下此刻。因此我们将钟声视为朋友，一位帮助我们重新觉醒，回归自己的好友。

在家中，我们可以用电话铃声、教堂钟声、婴儿的哭声，甚至是警笛或汽车的喇叭声作为我们的正念钟声。只需正念呼吸三次，就能让我们的身心释放紧张和压力，回到清明的状态。

在越南，我习惯了聆听寺庙的钟声。来到西方，这里没有寺庙的钟声，只能听到教堂的钟声。当我在欧洲生活了几年后，有一天我在布拉格行禅，我突然听到了教堂的钟声响起。那是我第一次深深地接触到古老欧洲的灵魂。自那以后，每当我听到教堂的钟声，无论是在瑞士、法国还是俄罗斯，我都感觉能深入触及欧洲的灵魂。对于那些还没有修习过的人来说，钟声可能没有太多意义。但如果我们好好修习，钟声对我们来说将具有非常灵性的意义。它会唤醒我们内心最美好的东西。

在我们的传承中，我们不是说“敲钟”，而是说“请钟”。邀请钟声的人就是请钟师。我们把邀请钟声的木槌称为“请钟槌”。钟有许多种类：大洪钟可以响彻整个村庄或社区；小一点的钟可以宣布活动，并传遍整个修习中心；禅堂的大磬能帮助我们修习呼吸和静坐；然后还有最小的磬：我们可以把它放进口袋里，随身携带。

训练自己学会请钟是很重要的。若我们安稳、觉醒、自在、正念，那我们所请的钟声将能帮助人们接触到他们内心深处。

练习

当你作为请钟师准备请钟时，首先要做的是向钟合十鞠躬。钟就像是一位朋友，帮助你将心带回到身体。当身心合一时，我们立即就处于此时此地，并能够深刻地生活。

如果你有一个可以放在手中的小磬，在向它鞠躬后，将小磬放在张开的手掌中。想象你的手是莲花的五片花瓣，小磬就像是在莲花中的宝石。有一首诗能助你将心带回到身体，以让你能真正活在当下。若你并非真正安住于此时此地，你便无法成为一名好的请钟师。跟随这首诗呼吸三次，你就可以成为一名合格的请钟师。

身语意清净，
钟声传心意。
闻钟者觉醒，
离苦恼忧悲。

这四句诗：一句吸气，一句呼气，一句吸气，一句呼气。如果你记不住这小诗，也没关系。你可以只是吸气并享受吸气，呼气并享受呼气。这也能使你成为请钟师。但这首小诗非常优美。你现在准备好可以邀请钟声了。

先请钟轻响半声，温柔地把它唤醒。这是给钟磬，也是给人们的一个重要提醒。你要对钟磬温柔以待，以免吓它一跳。你也提醒人们，完整钟声即将响起，让他们做好准备以自己真正的存在迎接它。在修习中心，美妙的钟声就像是我们内在的声音，呼唤我们回家。当你唤醒钟的时候，人们会停止思考和说话，回到呼吸，等待钟声。你要让大家有足够的时间准备迎接完整的钟声，所以你给他们一吸一呼的时间来做好准备。他们可能还很兴奋，在说着或想着什么。但当听到半声时，他们便知道自己应该停下来——停止思考、停止说话、停止行动，让自己准备好聆听钟声。

然后你就可以邀请一声完整的钟声。深深地吸气和呼气三次。若你享受吸气和呼气，那在三个入息和出息后，你会变得放松、平静、安宁、正念。你可以在呼吸时默念这首诗：

静听，静听。
这美妙的钟声，
带我回到真正的家。

“静听，静听”意味着在吸气时全心全意地聆听。“我真正的家”是生命，以及已然存在于此时此地的所有生命奇迹。如果你修习得好，每当你跟随钟声回到自己这个家时，你都能安住于当下此刻。

电话禅

不要低估使用正语所能带来的影响。我们所说的话语可以建立理解与爱。它们可以如宝石般美丽，如花朵般可爱，能让许多人感到幸福快乐。但很多时候，我们会边打电话边忙其他事情，无法专注在谈话上。

电话是一种非常便捷的沟通工具，手机更是如此。它可以大大节省我们旅行的时间和费用。但手机也可能成为我们的主宰。如果它总是响个不停，信息不断传来，我们就会受到干扰，无法完成太多事情。如果我们没有带着觉知去使用手机，我们就是在浪费宝贵的时间和金钱。我们常常会聊一些、看一些无关紧要的事情，而我们周围却充满了当下此刻的欢乐：想牵我们手的孩子，在唱歌的小鸟，灿烂的太阳。

当手机响起时，铃声会在我们心中产生一种振动，也许会是一些焦虑："是谁打来的？是好消息还是坏消息呢？"有一种无法抗拒的力量把我们拉向手机。我们可能会成为手机的奴隶。

练习

下次，当手机铃声响起时，保持原地不动，觉知自己的呼吸："吸气，我平静身体。呼气，我微笑。"铃响第二遍时，再次呼吸。当第三遍铃声响起时，继续修习呼吸，然后接听。要记住，你可以做自己的主人，安住在正念之中。接听时，保持微笑，不仅是为了自己，同时也是为了对方。如果你感到烦躁或愤怒，对方将会接收到你的负面情绪。但如果你是在微笑，对方将多么幸运啊！

在你用手机电话之前，吸气呼气两次，并默念这首偈颂：

话语传千里，
长养信与爱。
字字是珍宝，
句句是花朵。

接着，拿起手机拨打。当铃声响起时，也许你的朋友正在呼吸和微笑，直到第三声铃响才会接听。继续修习："吸气，我平静身体。呼气，我微笑。"你们双方都在通话时呼吸和微笑。这真是非常美妙！你不必去到修习中心才能进行这种美妙的修习，在你的家中或办公室就可以这样做。修习电话禅可以缓解压力和抑郁，并将觉醒带入日常生活之中。

合十

在修习中心，当我们合十鞠躬问候某人时，我们就有机会与那个人同在，并承认自己和对方内在都有全然觉知的能力。我们合十鞠躬并不是出于礼貌或社交，而是为了认识到活着的奇迹以及每个人都有觉醒的潜能。“合十还是不合十”并不是问题，重要的是正念。

练习

当我们看见某人双掌合十向我们鞠躬行礼时，我们也可以这样做。我们正念地修习，真正觉知到那个人就在我们面前。我们以至诚的心行礼。有时候，我们感受到与面前的事物有着深刻的连结，一种对生命奇迹的敬畏——无论那是花朵、夕阳、树木或是清凉的雨露，我们也会想以这种方式合十礼敬，献上我们的存在和感恩。

偈颂

呼吸、坐禅和行禅都很美妙，但在日常生活中，我们可能会因为太忙碌而忘记了自己想要正念地呼吸和行走。一种帮助我们安住于当下一刻的方法是借助偈颂或正念短诗来修习。偈颂帮助我们在日常活动中修习，即使是平时我们不在意的生活点滴，也能开启和加深我们的修习体验。在心中默念偈颂时，我们回到自己，更能觉知自己的每一个动作。念完一首偈颂后，我们以觉醒的心继续其他活动。在梅村，我们在清晨醒来、进入禅堂、吃饭和洗碗的时候，都会修习偈颂。事实上，我们一整天都在默默地读诵偈颂，以帮助我们进入当下。

在开车时，路标可以帮助我们找到路。路标和道路合而为一，我们沿路一直看到路标，直到下一个路标。当我们用偈颂练习时，偈颂和我们的生活成为一体，我们生活在觉知中。

练习

打开水龙头时，我们深观水是何等珍贵。即使是一滴水，我们也不想浪费，因为世界上有许多人并没有足够的饮用水。

水源自高山，
水来自地心。
感恩水盈溢，
滋润众生命。

刷牙时，你以这首偈颂来发愿讲说爱语：

刷牙和漱口，
愿说慈爱语。
正语散芬芳，
花开在心田。

开车前，我们修习这首偈颂，准备踏上安全的旅程：

发动引擎前，
知道去何处。
我和车一体，
车快我亦快。

修习偈颂让你身心一体。以平静清明的心，全然觉知身体的活动，发生意外的可能性就会降低。

偈颂是心灵和身体的滋养，带给你祥和、安宁和喜悦，你可以与他人分享。它们帮助你在一天中持续修习。你可以从本书的偈颂开始练习，或者可以创作属于自己的偈颂。撰写偈颂是悠久的禅宗传统，我从师父那里继承了这项传统，并传授给我的学生。

我已到了，我到家了

想象自己正身处飞往纽约的航班。一坐上飞机，你就想着：“我得在这里坐上六个小时才能到达。”坐在飞机上，你一直只想着纽约，无法享受当下所拥有的时刻。但是，你也可以以享受每一步的方式走上飞机。你无须等到抵达纽约后才感到平和喜乐。在你走上飞机时，每一步都带给你幸福，你在每一刻都到达了。到达意味着抵达了某个地方。当我们修习行禅的时候，我们到达每一刻——我们到达了生命的目的地。当下一刻就是目的地。吸气，我迈出一步，再迈出另一步，并告诉自己：“我已到了，我已到了。”

“我已到了”是我们的修习。吸气时，我们专注自己的入息，并说：“我已到了。”迈出一步时，专注于自己的脚步，我们说：“我已到了。”这并非是一个对自己或他人的宣言。“我已到了”意味着我已经停止奔跑，我已经到达当下此刻，因为生命只存在于当下。当我吸气并专注入息时，我深深地触及了生命。当我迈出一步并完全专注自己的脚步，我同样也深深地触及了生命。如此一来，我便停止了奔跑。

停止奔跑是十分重要的修习。我们这一生都在奔跑。我们相信平安、幸福和成功存在于彼时彼地。我们不知道所有的一切 —— 和平、幸福和安稳，都应在此时此地觅得。这里是生命所在，是此时此地的交汇处。

当我们如此禅习时，我们到达了每时每刻。我们真正的家，就在当下。当我们深入当下一刻，遗憾和悲伤都会消失，我们会发现生命中所有的奇迹。

练习

我已到了，已到家了。
在此时，在此地。
我安稳，我自在。
如实中，我安住了。

这首偈颂非常适合在行禅中修习。吸气时，每一步都默念“到了”；呼气时，每一步都默念“到家了”。如果你的节奏是 2-3，那么你可以说：“到了，到了。到家了，到家了，到家了。”根据自己呼吸的节奏协调你的词语和步伐。

在练习“到了 / 到家了”一段时间后，如果你感到放松并全然享受每一步和每一次呼吸，你就可以换成“在此时 / 在此地”。不同的词语，同样的修习。

这首偈颂同样适用于坐禅。吸气时，我们对自己说：“我已到了。”呼气时，我们说：“我到家了”。如此修习时，我们克服了散乱，并平静地安住于当下 —— 我们唯一活着的时刻。

“我已到了”是一项修习，而非声明或宣告。我已到了此时此地，我可以深入地接触生命中所有的奇迹。雨露是个奇迹，阳光是个奇迹，树木是个奇迹，孩子们的脸庞是个奇迹。有如此之多的生命奇迹在你周围，也在你之内。你的眼睛是个奇迹，只需睁开双眼，就能看见的各种各样的色彩与模样。你的心脏是个奇迹，如果你的心脏停止跳动，那么一切都无法继续。

回到当下此刻这个家，你便会接触到自己内在和周围生命的奇迹。只需享受此刻；你不必等到明天才能拥有平和与喜悦。当你吸气时，你说：“我已到了，”然后你就会知道自己是否已经到达，你会知道自己是否仍在奔跑。就算在静静地坐着，你的心也可能仍然在奔跑。当你感到自己已经到达时，你会充满幸福喜乐。你一定要告诉你的朋友：“亲爱的朋友，我已经真正到达。”这是一个好消息。

皈依

当我们发现自己身陷险境或困境，或者感到迷失时，我们可以修习皈依。与其惊慌失措或陷入绝望，不如信任我们内在的自我疗愈、自我理解和爱的力量。我们称之为自心岛屿，一个我们可以依止的地方。这是一个平和、自信、安稳、爱与自由的岛屿。做自己内在的岛屿，不必到别处寻觅。

我们想要感到安全和受保护。我们想要感到平静。因此，当情况看似动荡不安、势不可挡、充满苦痛时，我们必须修习皈依内在的岛屿。我们每个人都有能力保持平静、理解、慈悲，并皈依我们内在的安全岛屿，从而保持我们的人性、平和与希望。如此修习，我们会成为一座平和与慈悲的岛屿，并可能启发别人也这样做。

练习

无论身处何方，都可以默念这首偈颂来回归自己：

吸气，回到心中那岛屿。
在那岛屿上，有美丽的树，
还有清澈的小溪，
有小鸟、阳光和空气，
呼气，我安住。
我享受回到心中岛屿。

我们就像是一艘在横渡汪洋的船。假如船遭遇风暴而人人都惊惶失措，那船就会翻覆。如果船上有一个能保持冷静的人，那个人就可以激励其他人也保持冷静。那么整船人就有希望了。谁是那个能够在危难中保持冷静的人？我们每一位都是。我们可以相互依靠。

五项正念修习

五项正念修习是实践正念的具体方法，是非宗教和宗派、具有普遍性、有关理解与慈悲的修习。所有灵性传统都有类似于五项正念修习的修持。它们如同路标，指引着人们如何应对社会上各式各样、有时并不健康的选择。

第一项修习是尊重生命，减少自己、家庭和社会的暴力行为。第二项修习是社会公义、慷慨分享、不偷盗、不剥削其他生命。第三项修习是负责任的性行为以保护个人、夫妻、家庭和儿童。第四项修习是深刻聆听和使用爱语以恢复沟通与理解。第五项修习有关正念摄受，避免将毒物带入身心；避免消费含有诸如暴力、贪求和嗔恨等大量毒素的电视、杂志、电影等产品。

五项正念修习是共修团体的修习基础，而正念则是每一项修习的根基。有了正念，我们能觉知自己的身心、感受和世界正在发生的事情，避免伤害自己与他人。正念保护我们、家庭与社会，确保我们拥有安全幸福的当下和未来。当我们修习正念时，可以看到，通过避免某些行为能够防止不良后果的发生，从而获得洞见。五项正念修习并非外界权威强加给我们的东西。修习正念帮助我们更平静、安定，带来更多的洞见与觉悟，从而使我们的正念修习更加稳固。

在梅村传承的修习中心，大家都愿意持守这些修习，以支持彼此的正念修行，和谐共处。不吸烟、不饮酒和不进行不当的性行为，是在我们的修习中心要持守的五项正念修习的一部分。

任何人在任何时候都可以决定依据五项正念修习生活。实践五项正念修习，能够帮助创造和谐、保护环境、维护和平以及培养兄弟姐妹情谊。我们不仅要守护自身文化之美，也要守护其他文化之美及地球上一切的美好。有了五项正念修习在心中，我们已经走在了转化和疗愈的道路上。

练习

第一项正念修习：尊重生命

觉知到杀害生命所带来的痛苦，我承诺培养相即的智慧和慈悲心，学习保护人、动物、植物和地球的生命。我决不杀生，不让他人杀生，也不会在思想或生活方式上，支持世上任何杀生的行为。我知道暴力行为是由恐惧、贪婪和缺乏包容所引起，源自二元思想和分别心。我愿学习对于任何观点、主张和见解，保持开放、不歧视和不执着的态度，以转化我内心和世界上的暴力、盲从和对教条的执着。

第二项正念修习：真正的幸福

觉知到社会不公义、剥削、偷窃和压迫所带来的痛苦，我承诺在思想、说话和行为上修习慷慨分享。我决不偷取或占有任何属于他人的东西。我会和有需要的人分享我的时间、能量和财物。我会深入观察，以了解他人的幸福、痛苦和我的幸福、痛苦之间紧密相连；没有了解和慈悲，不会有真正的幸福；追逐财富、名望、权力和感官上的快乐会带来许多痛苦和绝望。我知道真正的幸福取决于我的心态和对事物的看法，而不是外在的条件。如果能够回到当下此刻，我们会觉察到快乐的条件已然具足；懂得知足，就能幸福地生活于当下。我愿修习正命，即正确的生活方式，以帮助减轻众生的苦痛和逆转气候变化。

第三项正念修习：真爱

觉知到不正当的性行为所带来的痛苦，我承诺培养责任感，学习保护个人、伴侣、家庭和社会的伦理和安全。我知道性欲并不等于爱，基于贪欲的性行为会为自己和他人带来伤害。如果没有彼此的同意和真爱，没有深刻和长久的承诺，我不会和任何人发生性行为。我愿从支持和信任我的家庭成员、朋友和共修团体，寻求对这份真挚关系的心灵支持。我会尽力保护儿童免受性侵犯，同时防止伴侣和家庭因不正当的性行为而遭受伤害和破坏。认识到彼此身心相连一体，我承诺学习用适当的方法照顾我的性能量，培养慈、悲、喜、舍这四个真爱的基本元素，以令自己和他人更加幸福。觉知到人类经验的多元性，我承诺对任何性别认同或性取向不存分别心。修习真爱，我知道生命将会快乐、美丽地延续到未来。

第四项正念修习：爱语和聆听

觉知到说话缺少正念和不懂得细心聆听所带来的痛苦，我承诺学习使用爱语和慈悲聆听，为自己和他人带来快乐、减轻痛苦，以及为个人、种族、宗教和国家带来平安，促进和解。我知道说话能带来快乐，也能带来痛苦。我承诺真诚地说话，使用能够滋养信心、喜悦和希望的话语。当我感到愤怒时，我决不讲话。我将修习正念呼吸和正念步行，深观愤怒的根源，尤其是我的错误认知，以及对自己和他人的痛苦缺乏理解。我愿学习使用爱语和细心聆听，帮助自己和他人止息痛苦，找到走出困境的路。我决不散播不确实的消息，也不说会引起家庭和团体不和的话。我将修习正精进，滋养爱、了解、喜悦和包容的能力，逐渐转化深藏于我心识之内的愤怒、暴力和恐惧。

第五项正念修习：滋养和疗愈

觉知到缺乏正念的消费所带来的痛苦，我承诺修习正念饮食和消费，学习方法以转化身心和保持身体健康。我将深入观察我所摄取的四种食粮，包括饮食、感官、意志和心识。我决不投机或赌博、也不饮酒、使用麻醉品或其他含有毒素的产品，例如某些网站、电子游戏、音乐、电视节目、电影、书刊和谈话。我愿学习回到当下此刻，接触在我之内和周围清新、疗愈和滋养的元素。我不会让后悔和悲伤把我带回过去，也不会让忧虑和恐惧把我从当下此刻拉走。我不会用消费来逃避孤单、忧虑或痛苦。我将修习观照万物相即的本性，学习正念消费，以保持自己、家庭、社会和地球上众生的身心平安和喜悦。

饮食练习

正念进食

我手中的面包蕴含着整个宇宙。

吃饭也是一种禅习。我们应尽量全身心地投入每一顿饭中。当我们盛食物时，我们已经可以开始修习。为自己盛食物时，我们意识到许多元素，如雨水、阳光、土地，以及农民和厨师的辛勤工作，共同成就了这顿美妙的餐食。事实上，通过这食物，我们看到整个宇宙都在支持我们的存在。

有机会坐下来享用美味的食物是十分可贵的，并不是人人都能拥有这样的机会。世界上有许多人正在挨饿。当我们拿起一碗米饭或一片面包时，我知道自己是幸运的，并对所有没有食物可吃，没有朋友或家人的人心怀慈悲。这是一项非常深刻的修习。我们无须去到寺院或教堂来进行这修习，在我们的餐桌上就可以。正念进食可以培养慈悲和理解的种子，这将使我们更有力量去做一些事情，来帮助饥饿和孤独的人得到滋养。

练习

带着正念用餐是一项重要的修习。关掉电视，放下报纸，花五到十分钟一起布置餐桌，并完成所有需要做的餐前准备。

在这几分钟里，你会非常幸福快乐。当食物在餐桌上摆好，每个人都坐下后，修习呼吸三次：“吸气，我平静身体。呼气，我微笑。”

然后，在一呼一吸间看看身边的每一个人，借此与自己以及桌上的每个人连结。你不需要花两个小时才能看清另一个人。若你真正安住于自己，你只需看一两秒钟，便足以了解你的朋友或家人。我想如果是一家五口的话，只需要大约五到十秒钟就能修习这种“看”与“见”。

呼吸之后，微笑。与他人一同坐在餐桌旁，我们有机会为对方送上一个表达友谊与理解的真挚微笑。这十分容易，但没有多少人这样做。对我来说，这个修习最重要的部分就在于望向每个人并微笑。如果一起吃饭的人不能对彼此微笑，那情况就非常危险了。

呼吸和微笑过后，低头看着食物，让食物变得更真实。这食物展现了你与地球的联系。每一口都蕴含了太阳和地球的生命。食物能在多大程度上展现自己取决于我们。你可以在一片面包中看见和品尝到整个宇宙！在进食之前观照你的食物几秒钟，以正念进食，可以带给你莫大的幸福。

用餐结束后，花点时间留意一下自己已经吃完了，你的碗现在是空的，你的饥饿感已经得到满足。这一刻你可以感恩自己能够吃到这些滋养的食物，支持你走在爱与理解的道路上。

饭食已讫，
我已饱足。
心念四恩，
愿能报答。

有时候，你也许会想与家人或朋友尝试静默用餐的修习。静默用餐让我们看见食物和朋友们的宝贵，以及我们与地球和所有物种的密切关系。每一棵蔬菜、每一滴水、每一粒米都蕴含了我们整个星球和太阳的生命。每一口食物，我们都能品尝到自己生命的意义和价值。我们可以观想植物和动物，农夫的劳作，以及每天因缺乏食物而死亡的成千上万的儿童。与大家一起静静地坐在餐桌旁，我们也有机会清楚、深入地看见他们，并以微笑传达真正的爱和友谊。初次静默用餐时，可能会有些尴尬，但当你习惯以后，静默用餐就可以带来很多平和、喜乐和洞见。就像吃饭前关掉电视，我们有时可以“关掉”谈话来享受食物和彼此的存在。

我不推荐每天都静默用餐。我认为彼此交谈是一种保持连结的绝佳方式。但我们必须区分不同类型的谈话。有些话题会让我们疏离，例如谈论别人的缺点。如果我们让这种谈话主导整顿饭，那精心准备的食物将变得毫无价值。相反，当我们谈论的话题能滋养我们对食物以及彼此共处的觉知时，我们就培养了自己成长所必需的幸福喜乐。若我们对比这两种体验，相较于谈论别人短处的体验，我认为觉知自己嘴里的米饭是一种更有滋养的体验。它带来了生命，并使其变得真实。

我建议在用餐过程中，避免讨论可能会破坏对家庭和食物觉知的话题。但你可以自在地畅谈那些可以滋养觉知和幸福的事物。例如，如果有一道菜你很喜欢，你可以看看其他人是否也在享受这道菜，如果其中有人不喜欢，你可以帮助她欣赏这道用爱心烹调的佳肴。如果有人在想着餐桌上美食之外的事情，比如他在工作上的困难或朋友间的困扰，这意味着他正在错失当下此刻以及面前的食物。你可以说："这道菜真是美味，你不觉得吗？"当你说类似这样的话时，你会将对方从思虑和担忧中带回到此时此地，享受彼此，享受这道美味的菜肴。如此，你就帮助了一个生命觉醒。

在我们的修习中心，我们会在餐前请钟三次，然后止语进食约二十分钟。在静默中用餐，我们充分意识到食物的滋养。为了加深正念进食的修习和维持宁静的氛围，我们在止语期间保持安坐。止语时间结束时，我们会邀请两声钟声。然后我们可以与朋友正念地聊天或起身离席。

五项观想

在用餐前观想面前的食物几秒钟，并以正念进食可以带给我们莫大的幸福。在我们的修习中心，我们用五项观想来提醒自己食物的来源以及进食的目的。

第一项观想是觉知我们的食物来自大地和天空。它是天地的馈赠，也是准备食物的人们赠予我们的礼物。

第二项观想是关于要对得起我们所享用的食物。要值得受用食物的方法就是正念地进食——觉知食物的存在并感恩能享用它。我们不能让自己迷失在对过去或未来的担忧、恐惧或愤怒之中。我们为食物而在，因为食物为我们而在；这样才公平。以正念进食，你将无愧于天地。

第三项观想是关于觉知到我们的负面倾向，不让自己被它们带走。我们需要学习如何适量进食，吃合适分量的食物。僧尼所使用的钵被称作“应量器”。不过量饮食是非常重要的。若你慢慢进食，细细咀嚼，你将获得充足的营养。适量即能让我们保持健康的量。

第四项观想是关于我们食物的品质。我们决心只摄取对身体和意识无毒的食物，能让我们保持健康并滋养我们的慈悲心的食物。这就是正念进食。佛陀曾说，若你进食的方式会摧毁心中的慈悲，那就像在吃自己孩子的肉一样。因此，请修习以能保存心中慈悲的方式进食。

第五项观想是觉知我们受用食物是为了有所领悟。我们的生命应该要有意义，而这意义就在于帮助人们减轻痛苦，并帮他们接触生命的喜乐。这食物对我们来说十分重要，能给我们带来莫大的欢喜。单单一个人便足以帮助许许多多的众生。而这是我们在任何地方都能做的事情。

练习

第一项观想：面前的食物，是来自大地、天空及无量众生的礼物，以及许多人辛劳和爱的成果。

第二项观想：愿我们能觉醒地生活，以正念进食，常怀感恩，好让我们值得受用这些食物。

第三项观想：愿我们能觉察和转化贪欲与不善的意念，学习适量进食。

第四项观想：愿我们心怀慈悲地进食以减轻众生苦难，停止助长气候变化，并保护及滋养珍贵的地球。

第五项观想：愿我们受用这些食物，藉以培养同修间手足之情，建立团体，及长养服务众生的愿力。

厨房

太阳翠绿，
蔬菜青葱。
万物相依，
造就生命。

厨房可以成为一处禅修的空间。让我们在烹饪或清洁时保持正念。我们可以以轻松、平静的方式来完成任务，跟随呼吸并保持对工作的专注。

练习

在你自己的厨房里，可以设立厨房供桌来提醒自己在烹饪时修习正念。可以只是一个小架子，有足够空间的话可摆放香炉，也许还可以放一个小花瓶，一块美丽的石头，一小张祖先或精神导师的照片 —— 可以是任何对你最有意义的东西。进入厨房的时候，你可以先上香，练习正念呼吸，然后再开始工作，让厨房变成禅堂。

烹饪的时候，留出充足的时间让自己不必感到匆忙。要意识到你自己以及你为之烹饪的人，都要依靠这些食物来修习。这种觉知将引领你烹调出充满你的爱和正念的健康食物。

在你清洁厨房或洗碗时，要犹如在打扫禅堂的供桌或在为新生的佛陀沐浴一样。以这种方式清洗，你可以感受到喜悦与平和从内在向四周散发。

洗碗
犹如浴佛。
平常心
即是佛心。

茶禅

在愉悦平静的气氛下一起喝茶，就只是好好享受杯中的茶已经足够。茶禅是大家共聚一起分享喜乐的时间。

与朋友茶聚时，有时我们根本没有注意面前的茶或者身边的朋友。享受茶禅时，我们要全然投入于茶和朋友们当中，幸福地安住于当下。尽管在生命中有悲伤和忧虑的时刻，但依然可以快乐地活在当下。轻松地坐下来，不一定要说话。

我们也可以与大家分享歌曲、故事或诗篇，分享在修习上的体验，以此浇灌彼此幸福、喜悦、慈爱和智慧的种子。

练习

以下是我们在梅村修习茶禅的方式。孩子们非常享受这种禅修。他们可以帮忙迎接客人的到来，也可以由一个孩子来负责准备茶和饼干。有时，孩子们会安排他们自己的柠檬水禅，并邀请父母和朋友参加。你可以根据不同的场合自行调整茶禅的仪式。茶禅可以很简单，就只是与好友分享一杯清茶也可以是茶禅。

在茶禅仪式中，一切都要带着正念进行。仪式的主持者需要提前聚在一起。他们需要准备好茶水、饼干、茶禅的场地，带着正念迎接贵宾。

主持人

茶主人、请钟师、上香者、奉茶者（视乎宾客人数而定，一般需要两人）、奉茶助手（每位奉茶者有一位助手）

所需物品

香、火柴、小磬、大磬、餐巾纸（或用树叶）、饼干、茶和茶壶、托盘及放有鲜花和蜡烛的小供桌。

欢迎宾客

茶禅主持人分两排站在入口处两侧，在每位宾客进门时向他们合十鞠躬。宾客从主持人中间通过，由奉茶助理引领到各自的坐垫，大家面朝中间，围成一圈依次就座。安坐时，每个人都享受禅坐，在静默中跟随呼吸。

在所有人都被迎接入场后，主持人也就坐。请钟师唤醒小磬并请一声磬声示意大家起立。

上香

茶主人和上香者正念地行走至供桌前，上香者点香，互相合十鞠躬后，上香者将香递给茶主人，然后站到一旁。

请钟师请三声磬声。茶主人唱诵上香诵，接着将香递给上香者，由上香者把香插到供桌上。

茶主人转向大家，欢迎每一位来参加茶禅的人。请钟师邀请一声小磬，所有人入坐。

招待宾客

奉茶者传递盛饼干的托盘。奉茶者将饼干托盘递给助手。助手带着微笑，以感恩送上一朵莲花，正念地拿取一块饼干和餐巾，把它们放在地板上，然后接过托盘。助手现在回请奉茶者取一块饼干。接着将托盘递给坐在助手身旁的人。如上所述，每个人取一块饼干和餐巾，然后接过托盘递给下一个人。

在大家传递饼干时，奉茶者按照在场的人数来倒茶。当盛饼干的托盘传回来以后，将装好茶杯的托盘按同样方式传递，然后就像传饼干时一样接取。

请茶

空托盘传回来后，茶主人念诵喝茶、吃饼的偈颂，邀请大家享用各自的茶和饼干。

茶偈

茶杯在手，
正念满溢。
身心安住，
此时此地。

在静默中享用清茶一会儿后，茶主人可以邀请人们分享歌曲、诗词和修习体验等。

结束仪式

请钟师应在仪式结束前五分钟提醒大家。以三声磬声来结束茶禅仪式。听到第一声磬声时，所有人起立；第二声磬声，大家相互合十鞠躬；第三声磬声，大家面向供桌合十礼敬。接着主持人先到门口，在宾客带着正念缓缓离场时向他们合十鞠躬。

身体的练习

休息与停止

当森林中的动物生病时，它会躺下，什么也不做。常常甚至会不吃不喝，将所有的能量都用于疗愈。即使在没有生病的时候，我们也需要这种休息。懂得何时休息是一种深刻的练习。有时我们的修行过于努力，或者在没有正念的情况下工作太多，就很容易会感到疲倦。正念的练习不应该是累人的，而应该令人精力充沛。但当我们意识到自己累了的时候，就应该想尽一切办法休息。我们需要寻求帮助，在可能在情况下把任务分派出去。

带着疲惫的身心来做正念练习不但没有帮助；反而可能会带来更多问题。照顾好我们自己就是在照顾好我们所爱的人。休息可能意味着我们停下手头上的事情，到外面散步五分钟，或是断食一两天，又或是修习止语一段时间。我们有许多休息的方式，因此我们必须关注身心的节奏，以让所有人都受益。正念呼吸，无论是坐着还是躺着，都是休息的时刻。让我们学习休息的艺术，允许自己的身体和心灵自我恢复。不胡思乱想、不做任何事情是休息和疗愈艺术的一部分。

若我们身体或心灵有伤口，我们可以学习如何去照顾它。我们知道自己的身体有自愈的能力，因此我们应要允许自己身心的伤口愈合。但很多时候，我们会阻碍它的愈合。由于无知，我们阻止自己的身体自我疗愈；我们不允许自己的心和意识疗愈自身。当我们割伤手指时，我们不需要做太多。只需清理创口并让它愈合——也许需要一到两天。如果我们干预伤口，对它做太多事情，或太过担心它——尤其是当我们过于担心，它反而更难以愈合。

有一个譬喻是这样的，有人被箭射中，他很痛苦。如果不久之后，第二支箭射中完全相同的部位，疼痛就不仅是双倍，而是十倍的剧烈。如果你的身体有一处小伤口，而你又用担忧和恐慌来放大它，那伤口将会变得更加严重。觉知吸气和呼气，理解这个小伤口的本性，会有所帮助。吸气，我们想："我觉知这只是身体上的一个伤口。它会愈合的。"如果需要的话，我们可以问问朋友或医生，来确认我们的伤口只是很轻微的，不必担心。我们不应恐慌，因为恐慌源于无知。担忧和恐慌只会令情况变得更糟。我们应该信赖对自己身体的了解。我们是有智慧的。我们不应该想象自己会因身心的一处小伤口而死。

受伤的动物懂得休息是疗愈的最佳方式。智慧存在于动物的身体中。我们人类已经对自己的身体失去了信心。我们惊慌失措，试图做许多不同的事情。我们过于担心自己的身体，不允许它自我疗愈，不懂得如何休息。正念呼吸帮助我们重新学习休息的艺术。正念呼吸就像一位慈爱的母亲将她生病的婴儿抱在怀里，说道：“别担心，我会好好照顾你的，好好休息吧”。

练习

若我们无法休息，那是因为我们还没有停止奔跑追逐。我们从很久以前就开始奔跑了，甚至在睡觉的时候也在继续。我们以为幸福美满不可能在此时此地。这种信念是我们与生俱来的，根植于我们心中。我们从父母和祖父母那里承继了这些信念的种子。他们一生都在挣扎与奋斗，并相信幸福只能在未来实现。这就是为什么当我们还是孩子的时候，就已经养成了奔跑的习惯。我们相信幸福是未来要追寻的东西。但佛陀的教导是，我们就在此时，就在此地便能幸福快乐。

若你能停下来，并让自己安住于此时此地，你会觉察幸福的元素在此刻已然具足。即便在当下有些东西并不如意，但仍有许多积极条件让你幸福。当你漫步在花园中，你或许会看到有棵树正在凋零。你可能会为此感到难过，而无法欣赏花园里其他仍然美丽的地方。你让一棵垂死的树破坏了你对所有其他仍然生机勃勃、茁壮繁茂的树的欣赏。若你再去看看，你就会发现花园依然美丽，并能好好享受它。你可以用以下的引导语来提高自己对周围大自然的觉知：

吸气，我觉知我的耳朵。
呼气，我觉知雨声。

吸气，我接触到山间纯净的空气。
呼气，我和山间纯净的空气一起微笑。

吸气，我接触到阳光。
呼气，我和阳光一起微笑。

吸气，我接触到树。
呼气，我和树一起微笑。

深度放松

压力会在我们体内积累。我们的饮食和生活方式也会对我们的健康造成影响。深度放松是我们身体休息、疗愈和恢复的机会。我们放松身体，依次关注身体的每个部位，并将我们的爱与关怀传送到每一个细胞。

如果你受到睡眠不足的困扰，那“深度放松”将能帮到你。清醒地躺在床上时，你可以练习全身放松，并跟随吸气和呼气。有时候这能帮助你入睡。即便睡不着，这个修习仍然十分有益，因为它可以滋养你，并让你得到休息。

你可以使用以下这两个练习将觉知引导到身体的任何部位：头发、头皮、大脑、耳朵、脖子、肺部、每个内脏器官、消化系统以及骨盆；任何需要疗愈和关注的身体部位。用自己的觉知和一呼一吸来拥抱每一个部位，送上爱、感恩和关怀。

练习

深度放松（一）

如果你只有几分钟时间坐下或躺下放松，你可以默念这段引导语：

吸气，我觉知我的眼睛。
呼气，我对我的眼睛微笑。

这是对我们双眼的正念。当你生起正念的能量时，你拥抱自己的眼睛并对它们微笑。你接触到其中一个已然存在的幸福条件。拥有仍然健康的双眼是一件美妙的事情。只需睁开眼睛，便能接触到多姿多彩的世界。

吸气，我觉知我的心脏。
呼气，我对我的心脏微笑。

当你使用正念的能量拥抱自己的心脏并对它微笑时，你会看到自己的心脏仍然正常运作，这是件多么美好的事。很多人希望自己能拥有一颗健康的心脏。这是我们健康的基本条件，也是我们幸福的另一个条件。当你以正念的能量拥抱自己的心脏时，你的心脏会得到抚慰。你已经忽视了自己的心脏很长时间。你只顾着想其他事情，去追逐那些被你视作幸福的真正条件的事物，却忘记了自己的心脏。

你甚至还在作息和饮食的方式上给心脏带来了麻烦。每当你点燃一支香烟，你都会让自己的心脏受苦。当你饮酒时，你就在对自己的心脏做出不友善的行为。你知道心脏多年来日夜不停地为你的健康工作。但由于缺乏正念，你一直以来都没有给予心脏帮助。你并不懂得如何保护自己内在的健康和幸福的条件。

你可以继续用身体的其他部位进行这个练习，比如你的肝脏。用温柔、爱和慈悲拥抱你的肝脏。通过正念呼吸生起正念，并以正念拥抱你的身体。当你将正念的能量引导至你用爱和温柔拥抱的身体部位时，你所做的正是自己的身体所需要的。如果身体有某个部位感觉不舒服，你就必须花更多的时间用正念和微笑来拥抱它。你可能没有时间在这个练习中关注全身，但每天一到两次，你可以选择至少一个身体部位来关注并练习放松。如果你有更多时间，请尝试下面的第二个深度放松练习。

深度放松（二）

给自己至少二十分钟的时间。若你是在团体中进行“深度放松”，可以安排一个人来使用以下指引来引导练习，你也可以稍做调整。若你是独自练习“深度放松”，你可以录下一段引导语，以便在练习时跟随。“深度放松”可以在家中每天至少进行一次，只要你有空间可以舒适地躺下。你可以与家人一起练习，由其中一名成员负责带领。

让自己舒服地平躺着，双臂放在身体两侧。允许身体放松。觉知身下的地板……以及身体与地板的接触。（呼吸）允许身体沉到地板里。（呼吸）

觉知你的呼吸，吸气，呼气。感受小腹随着吸气和呼气一起一伏。（呼吸）起……伏……起……伏。（呼吸）

吸气，将注意力带到眼睛。呼气，允许眼睛放松。让眼睛沉入头部之中……释放眼睛周围所有小肌肉的紧张和压力……双眼让我们看见多姿多彩的世界……让双眼好好地休息……把你的爱和感恩送给双眼……（呼吸）

吸气，把注意力转移到嘴巴。呼气，允许嘴巴放松。释放嘴巴周围的紧张……你的嘴唇是两片花瓣……让你的嘴唇绽放出一个温柔的微笑……微笑可以释放你脸上数百块肌肉的紧张……感受脸颊、下巴、喉咙的紧张释放……（呼吸）

吸气，把注意力移到肩膀上。呼气，让双肩完全放松。让它们沉入地板……让积累的所有紧张和压力流入大地……你的

肩膀承载了太多……现在让它们放松而自在，好好照顾你的肩膀。(呼吸)

吸气，开始感觉双臂。呼气，让双臂完全放松。让双臂沉入地板……你的上臂、肘部、前臂、手、双手、手指及所有的小肌肉……需要的话，可以稍微动一动手指，帮助肌肉放松。(呼吸)

吸气，把注意力放在心脏。呼气，让心脏放松。(呼吸)长久以来，你一直疏忽照顾心脏……回看自己工作、进食和管理焦虑与压力的方式……(呼吸)心脏夜以继日地为你跳动……以正念和温柔拥抱心脏……与心脏和好，好好照顾它。(呼吸)

吸气，把注意力转移到双腿。呼气，让双腿完全放松。释放腿部的所有紧张……你的大腿、膝盖、小腿、脚踝、双脚、脚趾及脚趾上所有的小肌肉……你可以稍微动一动脚趾来帮它们放松……将你的爱与关怀传送到脚趾上。(呼吸)

吸气，呼气……你的全身感觉轻安……就如睡莲浮于水面上……没处要去……无事要做……自在如天上浮云……(呼吸)

(几分钟的歌曲或音乐)(呼吸)

将注意力带回到呼吸上……回到小腹的起伏上。

随着呼吸，觉知手臂和腿部……你可以稍微动一动，伸展一下四肢。（呼吸）

当你感觉准备好的时候，慢慢坐起来。（呼吸）

当你准备好了，慢慢站起来。

正念动作

这十项正念动作很容易在家里练习，可以自己做，也可以和别人一起做。可以在家里，也可以到外面的公园进行。你可以每天都练习，或只是偶尔练习一下都可以。

练习

双脚稳稳地站在地上。膝盖放松，微微弯曲，不要紧锁。以放松的方式站直，肩膀放松。想象一根无形的线连接在头顶上，把你拉向天空。保持身体挺直，下颌微收以让颈部放松。

首先练习几次正念呼吸。确保双脚安稳地站在大地上，身体保持中正，背部挺直，肩膀放松。让呼吸下沉到腹部。你可以花片刻时间，微笑并享受站着。

正念动作一

双脚自然开立，双臂垂放于身体两侧。吸气，保持手肘伸直，双臂朝前平举至与肩同高，与地面平行。呼气，双臂回落至身体两侧。再重复这个动作三次。

正念动作二

双臂自然垂放在身体两侧。吸气，双臂以连贯的动作向前高举至头顶上方，伸展双臂，触碰天空。做这个动作时可以掌心相对，或是在高举时掌心朝前。呼气，双臂缓缓回落至身体两侧。再重复三次。

正念动作三

吸气，双臂向两侧伸开，掌心朝上，直到手臂与肩平齐，平行于地面。呼气，弯曲手肘，用指尖触碰肩膀，上臂与地面保持水平。吸气，打开双臂，外展恢复至水平位置。呼气，弯曲手肘，将指尖带回到肩膀。当你吸气时，你就像一朵花朝着暖阳盛开。呼气，花朵闭合。从指尖放在肩膀上的姿势开始，再做这个动作三次。然后手臂下垂回落至身体两侧。

正念动作四

在这个动作中，用双臂画一个大圆。吸气，双臂垂放于身前，双手合拢。双臂上举，双手分开，让双臂向上伸展过头顶。呼气，继续画圆，双臂向后划圈，直到手指向下指向地面。吸气，将双臂从后方抬起，反方向画圆。呼气时，双手合拢，手臂从身前落下。再重复三次。

正念动作五

两腿分立与肩同宽，双手叉腰。在做这个动作的时候，保持双腿伸直但不僵硬，头部保持中正。吸气，向前弯腰，开始用上半身向后画圆。画到一半时，上半身往后仰，呼气的同时完成圆圈，最后头部回到正前方，保持弯腰。然后以同样的方式，朝另一个方向画圆。再重复这组动作三次。

正念动作六

在这个动作中，你会触摸天空和大地。双脚打开与髋部同宽。吸气，将双臂举过头顶，掌心朝前。一直向上伸展全身，触摸天空时往上看。呼气，弯腰同时手臂往下触碰大地。如果颈部有一些紧张，让它放松。从这个姿势开始，吸气时，保持背部挺直，然后一路向上回到站立姿势，触摸天空。再触摸大地和天空三次。

正念动作七

这个动作叫作“青蛙式”。首先双手叉腰，脚跟并拢，双脚分开呈 V 字形，夹角 90 度。吸气，踮起脚尖，保持背部挺直，弯曲膝盖。呼气，保持上半身中正，在感觉舒适的情况下尽可能下蹲，保持身体平衡。吸气，伸直膝盖慢慢回到直立姿势，仍然用脚尖站立。从这个姿势开始，再重复这个动作三次，记得缓慢深长地呼吸。

正念动作八

双脚并拢，两手叉腰。首先将重心全部放在左脚上。吸气，抬起右大腿，弯曲膝盖，保持脚尖指地。呼气，向身体前方伸出右腿，绷直脚尖。吸气，弯曲膝盖，将脚收回靠近身体。呼气，把右脚放回地上。接下来将重心转移到右脚，然后用另一条腿来做这个动作。再重复这组动作三次。

正念动作九

在这个动作中，用腿来划圈。首先双脚并拢，两手叉腰。将重心放在左脚上，吸气，将右腿抬至身前并向侧方划圈。呼气，继续向后划圈，将腿放到身后，让脚趾触地。吸气，将腿从后方抬起并向侧面划圈。呼气，继续向前划圈。接着将腿放下，脚掌着地，让重心回到双脚。双脚并拢站立，重心落在双脚之间。现在用另一条腿来做这个练习。再重复这组动作三次。

正念动作十

这个动作以弓步的姿势进行。双脚开立略比肩宽。身体转向右侧，右脚前迈形成弓步。左手叉腰，右臂置于体侧。吸气，弯曲右膝，将中心转移到右脚，同时向前方举起右臂，掌心朝外，伸向天空。呼气，伸直膝盖，将右臂收回体侧。再重复这个动作三次。

换腿，右手叉腰。在左侧重复这个动作四次。然后将双脚再次并拢。

你已经完成了十项正念动作。双脚稳稳站立，吸气，呼气。感受身体放松。享受自己的呼吸。

关系与社群练习

建立和维持共修社群

在社会中，我们的很多痛苦来自彼此的疏离感。我们也常常感受不到真正的连结，即使是和身边的人，如邻居、同事、甚至家人。每个人独自生活，缺乏来自社群的支持。

通过修习正念，我们开始看到自己与他人之间的连结。为了个人修行能开花结果，也为了彼此支持，我们需要一个共修的社群。我们也可以将自己的家庭变成共修社群。如果每个人都懂得深度聆听和爱语的艺术，那么我们的工作场所、邻里社区都能变为共修社群。

与同修们在一起可以疗愈这些孤单和分离感。我们一起练习，一起吃饭、洗碗。仅仅与其他修习者一起参与日常活动，我们就能体验到一种切实的爱与归属感。

共修社群是一个种满各式树木和花朵的花园。当我们将自己和他人视为美丽、独一无二的花朵和树木时，我们才能真正长养对彼此的理解与爱。一种花可能在早春开放，另一种则在夏末开放。一棵树能结出许多果实，另一棵则提供阴凉。没有一株植物比花园里的其他植物更伟大或更渺小，也没有两株相同的植物。每一位成员都有独特的礼物奉献给社群。我们每个人也都有需要关注的地方。当我们能欣赏每位成员的贡献并将自己的弱点视为成长的潜力时，就能学会和谐地生活在一起。我们的练习就是要看到我们是一朵花或一棵树，也是整个花园，彼此相连。

存在实际上意味着相互依存。如同一朵花依赖于阳光、云朵和土壤才能存在，我们亦是如此。没有人能够独立存在，一切事物都是由其他一切所形成和构成的。如果将所有东西都归还其源头，那么就什么也不剩了。如果把阳光还给太阳，把水分还给云朵，把土壤还给大地，那么就不再会有花朵。一朵花只由“非花”的元素构成。这就是为什么我们说花朵是空无自我的，它没有一个独立的自我。它充满了一切，却没有一个独立的自我。我们是空的，我们由宇宙所构成。看着一个人，我们可以看到整个宇宙和我们所有的祖先。在每个人身上，我们都可以看见空气、水、旅程、喜悦和悲伤。我们包含了理解这个宇宙所需要的全部信息。若我们能看到相即的本性，那我们所遭受的痛苦就会大大减少，并理解为何处在社群中如此重要。

作为一个社群一起修习，我们的正念修习会变得更加愉快、轻松和稳固。我们是彼此的正念钟声，在修行的道路上互相支持和提醒。有了社群的支持，我们可以练习培养内在和周围的平和与喜悦，作为一份礼物送给所有我们所爱和关心的人。我们可以培养自己的坚定和自由 —— 对我们最深切愿望的坚定不移，以及从恐惧、误解和痛苦中解脱的自由。

练习

建设社群就好像栽种向日葵，你要知道有什么条件支持向日葵的生长，又有什么因素阻碍向日葵生长。你需要健康的种子，懂得种植技巧的园丁，阳光和让花朵生长的空间。建设社群时，最重要的是要记得我们是在一起做这件事。越是拥抱社群，就越能消除自己是独立个体的想法。你可以放松地融入社群的集体智慧和洞见中，并清楚地看见社群的眼、手、心比社群中任一个体成员的都要大。

如果你和家人或密友同住，这会是一个很好的起点。你的家人和朋友可以成为你的共修社群。你也可以通过修习与同事间的慈爱和理解，并将每个人视为亲爱的兄弟姐妹来创建一个“职场社群”。每次经过走廊时，你都可以练习行禅。

如果可以的话，在休息的时候与另一个人一起正念地静坐、散步或吃东西。你可以请钟并邀请其他人和你一起这样做，或者在工作时练习电话禅。社群可以从小规模开始；它可以只是由两人组成。即便只有两个人共创社群和正念的氛围，身边的平静与和谐都会增长，很快共修社群也会成长壮大。

重新开始

重新开始，就是深入、坦诚地面对自己，反躬省察自己的身、语、意行为，让我们与自己和他人的关系保持常新。帮助我们与他人建立和谐的关系，促进彼此的了解和关爱；同时，了解自己有没有曾经令自己和他人受苦，并承诺改过以往的错失。练习“重新开始”，让我们的心变得清明，令我们的修行保持常新。当与同修的关系出现困难，当中有人感到生气或感到受伤害时，就是时候练习“重新开始”了。

“重新开始”，是爱语和慈悲聆听的练习，帮助我们觉知和欣赏家人朋友正面的元素。在认识别人美好的特质的同时，也让我们看到自己的优点。除了这些美好的特质之外，我们每个人都有不足之处，例如因愤怒而口不择言，或陷入自己的错误认知。就像在花园中，当我们“灌溉”彼此的慈悲之花时，我们也削弱愤怒、嫉妒和误解等杂草的能量。

我们可以每天练习“重新开始”，向身边人表达感激，伤害他人后立即道歉。当我们受到伤害时，也可以礼貌地让别人知道。家庭和社群的健康和幸福取决于每个成员间的和谐与安乐。

练习

在梅村，我们每周练习一次“重新开始”。大家围坐一圈，在中间摆放一瓶鲜花，我们跟随呼吸等待引导者开始。仪式有三部分：灌溉花朵，表达歉意，以及表达受伤和困难。这个练习可以防止受伤的感受在数周内累积，并有助于让社群中的每个人都处于平安之中。

我们从灌溉花朵开始。当有人准备好分享时，就可以双手合十，然后其他人也合十示意他可以分享了。接着他站起来，慢慢走到鲜花旁，双手捧起花瓶，然后回到座位上。在分享时，他的话语映照着手中鲜花的清新和美丽。在灌溉花朵环节，分享者可以肯定他人良善、美好的品质。这并非奉承，我们永远只说实话。每个人都有强项，只要带着觉知就能看得见。没人可以打断面前放着鲜花的人。给他足够的时间诉说心中话，其余所有人练习深度聆听。分享结束后，就可以站起身来，慢慢地将花瓶送还至房间中央。

我们不应低估第一步的“灌溉花朵”。当我们能真挚地认识到他人的美好品质时，就很难再执着于自己的愤怒和怨恨。我们会自然而然地变得柔软，我们的视野会变得更加开阔，并更能包容完整的现实。当我们不再受困于错误的认知、恼怒和评判，就能轻易找到与社群或家庭中其他成员和解的方法。这个练习的本质在于修复家庭和社群成员之间的爱与理解。练习的形式需要根据具体情况和参与者来进行调整。向其他有更多练习经验并且经历过类似困难的人请教总会很有帮助，我们可以从他们的经验中受益。

在“重新开始”的第二部分，我们为自己所做过的任何伤害他人的行为表达歉意。一句不经意的话就足以伤害他人。这个练习为我们提供了一个机会，让我们回顾在过去一周中的遗憾并加以弥补。

在第三部分，我们表达他人曾对我们的伤害。爱语的使用至关重要。我们希望疗愈社群，而非伤害它。我们真诚地说话，但我们不想带来破坏。深入聆听是这个练习中非常重要的部分。当我们坐在一圈全都在深入聆听的朋友中间，我们的言语会变得更加美妙，更有建设性。我们从不指责或争论。

在最后一部分，慈悲倾听是至关重要的。我们怀着想要减轻对方痛苦的意愿去聆听他人的伤痛和困难，不去评判或与其争辩。我们全心全意地倾听。即使听到与事实不符的内容，我们仍然继续深度聆听，让对方可以表达心中的苦痛，释放内心的紧张和压力。假如我们回应或纠正对方，练习就不会有成果。我们只是聆听。如果我们需要告知对方他的误解，可以等过几天私下平静地表达。此外，在下次“重新开始”的练习中，他可能会主动纠正错误，那我们便无须多言。我们可以以一首歌，或者圈中所有人一起手拉手呼吸一分钟来结束这个练习。

和平条约

假如我们的朋友或伴侣对我们说了些不友善的话，我们可能感觉受到伤害。一旦我们马上回应，有可能会让情况变得更糟。另一种选择是通过正念呼吸来平静自己，当我们足够平静时，可以说：“亲爱的，你刚刚说的话伤害了我。我想要深观一下，希望你也能深观一下。然后我们可以在这周稍后约个时间一起回看。”一个人观照我们痛苦的根源固然很好；两个人都去观照岂不是更好么？若能两个人一同来观照则再好不过了。

我们内心可能正在与自己交战，用毒品或酒精伤害自己的身体。如今，我们有机会与自己的身体、感受和情绪签订一份条约。一旦我们与它们达成了和约，我们就能获得一些安宁，并开始与我们心爱的人和解。如果我们内心有战争，就很容易与心爱的人开战，更不用说跟我们的敌人了。我们对心爱之人说话的方式，以及我们对待他们的方式，决定了我们是把他们当作所爱的人或是敌人。如果我们将挚爱变成了敌人，又怎能冀望在这个国家乃至世界实现和平呢？

我们内在都有智慧的种子。我们知道惩罚无济于事，但我们却总是试图惩罚别人。当我们的挚爱说或做了什么让我们受苦时，我们会想要惩罚他们，因为我们相信通过惩罚会让自己得到舒缓。在我们清醒的时候，又知道这样做幼稚且无知，因为当我们令心爱的人受苦时，他们也会试图通过惩罚我们来获得舒缓，从而导致惩罚不断升级。

“和平条约”与“和平便笺”是两样工具，可以帮助我们疗愈关系中的愤怒和伤痛。当我们签署“和平条约”时，我们不仅是在与他人达成和平，也是在自己内心实现和平。

练习

“和平条约”的内容如下。真正签署这份条约，而不仅仅是阅读它，会有很大帮助。条约中建议将周五晚上作为讨论的时间。你可以选择任何一晚，但条约建议周五晚上比较合适，原因有两个。如果冲突是周五下午开始的，则可以选择下个周五。首先，你在仍然感到受伤时马上去讨论可能太冒险了。你会说一些让情况变得更糟的话。从现在起到周五晚上，你可以深入观照自己痛苦的本质，对方也可以这样做。在周五晚上到来前，你们中的一方或双方可能会看到问题的根源，并能够告诉对方并道歉。那到了周五晚上，你们可以一起喝茶，享受彼此。这就是正念修习，正念修习是让自己平静下来，并深入观照我们痛苦的本质。

如果到了周五晚上痛苦仍未被转化，你们就能够练习爱语和聆听的艺术：一个人表达自己，另一个人细心倾听。当你说话时，你要用爱语说出心中真正的想法和感受，也就是用对方能够理解并接受的话语。在聆听的时候，你要确保自己用心聆听，以减轻对方的苦痛。第二个等到周五的原因是，当你们在周五晚上化解了那种感受，你们就可以在周六和周日享受在一起的时光。

和平条约

为了能长久幸福地在一起，为了能让我们持续培育和深化爱和理解，我们签署和平条约，承诺观察并实践以下的条款：

我，愤怒的一方，承诺：

1. 不说或做任何可能导致进一步伤害，或加剧愤怒的话或事情。

2. 不压抑愤怒。

3. 正念呼吸，回到自己内在的岛屿。

4. 在二十四小时内，平静地以口头或和平便笺的方式，告诉令我生气的人我的愤怒和痛苦。

5. 在这周稍后（例如周五晚），以口头或和平便笺的方式约对方深入讨论此事。

6. 不说：“我不生气。我没事。我没有受苦。没有什么让我生气，那根本不值得我生气。”

7. 正念呼吸并深观自己的日常生活——行、住、坐、卧，借此觉察：

a. 自己有时也有不善巧的表现。

b. 由于自己负面、不善巧的习气伤害了对方。

c. 自己内在强大的愤怒种子是愤怒的主要来源。

d. 对方的痛苦灌溉了自己愤怒的种子，只是次要原因。

e. 对方只是在为自己的痛苦寻求舒缓。

f. 只要对方还在受苦，我就不可能真正幸福快乐。

8. 一旦认识到自己的不善巧和缺乏正念，我会立即道歉，不等到约谈的日子。

9. 如果感觉自己内心仍不够平静，我会将会谈延期。

我，令对方愤怒的一方，承诺：

1. 尊重对方的感受，不讥讽对方，允许对方有足够的时间平静下来。

2. 不催促要求立即对话。

3. 以口头或书面的方式确认对方的约谈，并保证会应约。

4. 正念呼吸，回到自己内在的岛屿，觉察：

a. 我有不友善和愤怒的种子以及习气，造成了对方的不愉快。

b. 我错误地认为，令对方受苦就能舒缓我自己的痛苦。

c. 令对方痛苦时，我同样在受苦。

5. 一旦认识到自己的不善巧和缺乏正念，我会立即道歉，不试图为自己辩解，也不等到周五的约谈。

我们发愿全心全意地实践这约章。

签名：____________________

日期：____________________

地点：____________________

和平便笺

这张便笺可以跟“和平条约”一起使用。你可以复印一些，放在家中或任何需要的地方备用。

和平便笺

日期：________________

时间：________________

亲爱的______________

今天早上（下午），你说（做/写）的话（事情）让我很生气。我感到非常痛苦。我希望你知道。

你说（做）了：________________________________

____

____

____

请让我们在这周五晚（你可以选择适合你日程的日子），一起冷静、敞开地回看一下你所说（做）过的话（事情），一起探讨这件事。

此致，

此刻不是很快乐的______________

第二身制度

在大型社群，或者是大家庭中，我们都不可能时刻关注到每个人的情况。因此，在梅村我们开发了一种名为“第二身”的制度来帮助我们建设社群。你自己的身体是你的第一身，家庭或社群中的某个人是你的“第二身”。你的“第二身”再去选择另一个人做她的“第二身”，以此类推，最终形成一个循环。通过这种方式，每个人都有一个人去照顾，同时每个人也都被另一个人照顾。

照顾意味着在“第二身”身体不适，心中苦恼或工作过劳时，我们要给予关怀与帮助。例如，当我们一起旅行时，我们有责任确保“第二身”没有被落下。当“第二身”情绪低落时，我们可以想办法让他振作起来。当“第二身”难过时，我们可以帮助他微笑。当她感冒时，我们可以为他带来食物和药物。在所有梅村修习中心，我们都使用“第二身”制度，它可以提升我们共同生活的幸福品质。这是一个绝妙的方法，只需照顾一个成员，就能与整个社群保持联系。在大家庭中也可以如此修习。

练习

你的“第一身”就是你自己。而你的“第二身”则是你所照顾的人，你要像照顾自己一样去照顾他。若你是我的“第二身”，那么我就是你的“关爱伙伴”。所有人都选一个人作为自己的“第二身”，而这个人也会选另一个人，从而形成一个完整的循环，每个人都与另一个人联结。你要感觉与自己的“第二身”紧密联结，想要去关怀和照顾他，就犹如他是你自己的一部分。因此，如果“第二身”身体不舒服，你就要想办法帮助他，比如，把饭菜送到他的房间，以及让社群知道他生病了。如果发觉“第二身”不太开心，通过慰问和观察，也许你会找到能帮上忙的方法。如果你需要缺席某项活动，也请告知你的关爱伙伴。

你的关爱伙伴并非监督你活动的警察，而是特别关心和照顾你的人，同样的，你也要特别关照自己的“第二身”。要记住，每个人的需求都不尽相同，因此在表达自己的关心时要细心且善巧。有时候，几句温暖友善的话语是需要的，而另一些时候，安住在自己觉知呼吸的岛屿，就是对朋友最佳的支持。

关怀“第二身”是一个非常具体的修习，它让我们彼此相连，并且认识到我们确实都是同一个身体的一部分。社群中的每个人都有他的“第二身”。因此，你的“第二身”所照顾的人就是你的“第三身”。所以，通过照顾你的“第二身”，你就在照顾整个社群。

拥抱禅

在拥抱的时候，我们的心彼此相连，觉知到我们并非独立分离的存在。带着正念和专注拥抱可以带来和解、疗愈、理解与无比的幸福。拥抱禅的修习已经帮助了许多人彼此和解——父子、母女、朋友，以及许许多多的关系。

练习

你可以和朋友、子女、父母、伴侣，甚至是一棵树练习拥抱禅。修习的时候，首先合十鞠躬，觉知对方的存在。闭上双眼，深呼吸，想象自己和所爱的人三百年以后的样子。接着，你可以享受三次深深的觉知呼吸，让自己全然安住于当下。正念吸气和呼气，觉知生命无常。“吸气，我明白此刻生命的宝贵。呼气，我珍惜生命中的此时此刻。”对站在面前的人微笑，表达你想要拥他入怀的愿望。这是一个修习，也是一个仪式。当你身心合一使自己全然临在，充满生命力的时候，拥抱就成了一个仪式。

当我喝一杯水时，我会百分之百地投入其中。你应该训练自己在每一刻都这样生活。拥抱是一种深刻的修习。你需要全然临在才能做好。

然后，张开双臂开始拥抱。拥抱彼此，一起吸气和呼气三次。第一次呼吸时，觉知自己在此时此刻的存在，并且你很幸福。第二次呼吸时，觉知到对方存在于此刻，他同样也很幸福。第三次呼吸时，觉知到你们此刻一起在这地球上，你对彼此的同在感到深深的感恩和幸福。接着你可以松开对方，互相行合十礼致谢。

你也可以用以下的方式修习：在第一次吸气时，觉知你和所爱之人都还活着；在第二次吸气和呼气时，想象你们在三百年后都会在何方；在第三次吸气和呼气时，回到你们此刻都还活着的此刻。

当你以这种方式拥抱时，对方变得真实而鲜活。无须等到其中一方即将远行才拥抱，你们此刻就可以拥抱，感受朋友当下的温暖和安稳。

在无声的拥抱中，传递的信息可以非常清晰：“亲爱的，你对我来说如此珍贵。我很抱歉过去没有保持正念和体贴。我犯了一些错误。请允许我们重新开始。”

在那一刻，生命变得真实。建筑师需要建造足够宽敞的机场和火车站，以便让人们修习拥抱。当你的拥抱更真挚，你的幸福也会如此。

深度聆听和爱语

当沟通被切断时，我们会感到痛苦。没有人倾听或理解我们时，我们就像一颗随时可能爆炸的炸弹。慈悲聆听能带来疗愈。有时候仅仅十分钟的深度聆听就已经能带来转化，并让微笑重新回到我们的脸上。

与家人相处时，我们许多人已经失去了聆听和使用爱语的能力。可能没有人能够倾听，因此即使在自己家里，我们也感到非常孤独。我们去找心理治疗师，希望她能够倾听我们。但许多治疗师内心也有深深的痛苦，有时他们并不能如心中期待的那样深度聆听。因此，如果我们真的爱一个人，我们需要训练自己成为一个深度聆听者。

我们也需要训练自己使用爱语。我们失去了平静表达的能力，很容易变得烦躁。每次开口，言语都变得尖酸刻薄。我们失去了带着善意说话的能力。没有这种能力，我们无法恢复和谐、爱与幸福。

练习

你修习正念呼吸，让慈悲始终与自己同在。倾听时，不给予建议或做出评判。你可以对自己说：“我听他说话只是因为我想减轻他的痛苦。”这就是慈悲聆听。你要以这样的方式聆听，使慈悲在你聆听的整个过程中都与你同在。这就是谛听的艺术。如果听到一半，烦躁或愤怒生起，那你就没办法继续听下去。你要练习，每当烦躁和愤怒的能量升起时，正念地吸气和呼气，并继续保持心中的慈悲。正是慈悲让你能够倾听他人。无论对方说什么，即使他有很多激烈和不公的看法，即使他谴责或责备你，都要继续安静地坐着，吸气、呼气。

如果你无法继续以这种方式聆听，请让对方知晓。问问你的朋友：“亲爱的，我们可以过几天再继续吗？我需要稍作休息和修习，以便我能以最好的方式倾听你。”如果你状态不佳，你就无法以最好的方式倾听。多练习行禅、正念呼吸和坐禅，以恢复你慈悲聆听的能力。

照顾愤怒和其他强烈情绪

我们的愤怒就像一个哭喊着要找母亲的婴儿。当婴儿哭泣时，母亲会轻轻地把他抱在怀里，细心倾听和观察，找出问题所在。只是慈爱温柔地抱着婴儿，就已经抚平了婴儿的痛苦。同样地，我们也可以把愤怒抱在慈爱的怀抱中，如此我们立即就会感到释怀。我们无须拒绝我们的愤怒，它是我们的一部分，就像婴儿一样需要我们的爱和深入倾听。在婴儿平静下来之后，母亲可以感觉到婴儿是否发烧或需要更换尿布。同样地，当我们感到平静下来时，我们也可以深深地检视我们的愤怒，并清楚地看到让我们的愤怒的条件和原因。

曾经有一位禅师说，如果一位僧人生气了，他不应该让自己的愤怒持续超过一个晚上。在越南，孩子们会说："我们有五分钟的时间感到愤怒、伤心或烦恼"。我们有愤怒或悲伤的权利，但五分钟就够了。那位禅师允许我们愤怒一整夜，但是第二天早上，我们的愤怒应该已经消散了。

如果我们练习与强烈的情绪同在，慈爱与关怀的能量会能舒缓愤怒或悲伤。每当暴风雨来临时，我们知道要回家并关上所有的门窗，以防止风雨进入我们的房子，造成破坏。如果没有电，我们会点起蜡烛或油灯。如果天气寒冷，我们会生火。当外面发生暴风雨时，我们会在屋内创造一个安全区域。

强烈的情绪就像暴风雨，会造成很大的伤害。我们需要找出保护自己的方法，创造一个安全的环境，静待风暴过去。我们不能只是坐着期待风暴迅速过去，而自己却直接承受风暴的所有伤害。我们的修行，是让我们的身心不受风暴的伤害。每次风暴过后，我们会变得更坚强、更扎实，很快就不再害怕风暴。我们不再祈求天空平静、海洋平静。取而代之的是，我们祈求自己有智慧和力量来处理生命中出现的困难。

我们不必等到情绪风暴来临时才开始练习。我们必须从今天开始练习，每天练习五到十分钟。几个星期之后，我们就掌握了正念呼吸的方法，当我们的情绪风暴出现时，我们就会自然想起并即时回到正念的练习。

练习

与愤怒相处

当你感到愤怒时，最好不要说话或做任何事。从正在浇灌内心愤怒种子的人或事情中收回你的注意力。利用这段时间回归自身。练习有正念呼吸和户外行禅，让你的身心平静并恢复精神。当你觉得更平静、更放松之后，你就可以开始深入检视自己，以及导致你产生愤怒的人和状况。通常，当你与某个人的关系变得紧张时，可能是他本身特征反映了你自己的弱点，而这个弱点是你难以接受的。当你对自己的爱和接纳增长时，也会自然地将这些美好能量传递给身边的人。

当你生气的时候，行禅会很有帮助。行禅时你可以默念这些短句：

吸气，我觉知愤怒在我心中。
呼气，我觉知这种感受很不愉快。

然后，经过一段时间的行禅：

吸气，我感到平静。
呼气，我现在有足够的力量来处理我的愤怒。

在你有足够的平静可以直视愤怒之前，你只需享受你的呼吸、你的步行以及户外的美景。一段时间之后，愤怒就会消退，你会感觉自己有足够的力量去直视它，尝试了解它生起的原因。

如果你在愤怒时练习坐禅，你可以用这首偈颂作禅观：

彼此感愤怒，
闭目看未来。
一百年以后，
你我在何方。

这就是无常的智慧。当你对所爱的人生气时，你想要惩罚他来得到解脱。这是一种自然的倾向。但是如果你闭上眼睛，想象自己和挚爱在一百年或三百年后的样子，你就会即时体悟万物无常。只要一吸一呼，就足以让你获得这种洞见。当你睁开眼睛时，你只想做一件事，那就是张开双臂拥抱那个人。这是唯一值得做的事，因为无常而珍惜对方的存在。只有当你不了解无常的本质时，你才会生气。

你受苦不是因为事物是无常的。你受苦是因为事物是无常的，但你不知道却不知这一点。这是非常重要的。练习正念呼吸，对获得无常的洞见和保持它的活力非常有帮助。然后，你就会知道该做什么、不该做什么，让生活更愉快。观照一朵花、一朵云、一个生命，你会触及无常的本质。无常有多重要？没有无常，一切皆不可能。不要抱怨无常。如果事物不是无常的，一颗玉米粒怎么会长成玉米？你的孩子又怎么会长大？无常是生命的基础。然而，尽管你每天都活在无常的现实中，你却否认它。当你深入观察事物时，你就能揭露无常的本质，并使它成为存在于你生命中每分每秒真正的智慧。

处理强烈情绪（一）

每当悲伤、愤怒或失望浮现时，你都有能力处理它。因为你的愤怒、你的失望是你的一部分，所以不要与它们对抗或压抑它们。这样做是对自己施予暴力。相反地，每当强烈的情绪风暴来临时，安静地坐下来，保持背部挺直放松，回到你的呼吸，回到你的身体，关上你所有感官的窗户。

你有六个感官：眼、耳、鼻、舌、身、意。不要看、不要听，也不要继续思考你认为是痛苦根源的东西：那一句话、一封信、一个行动或一则新闻。回到自己，回到你的呼吸，跟随你的呼吸，觉知你的吸气和呼气，这就像船长紧紧握住被海浪抛掷的船舵一样。正念呼吸就是锚、方向盘和桅杆。

深呼吸，完全地注意你的吸气和呼气。注意你的下腹部，觉察呼气时腹部收缩，吸气时腹部扩张。将注意力放在下腹，不要让思绪在脑海中徘徊。就只是跟随自己的呼吸，提醒自己："我经历过许多风风雨雨。每场风暴都必会过去，没有任何风暴会永远停留在那里。你的这种心境也会过去。一切都是无常的。风暴只是风暴。而我们不只是风暴。我们可以在风暴中找到安宁。我们不会让风暴对我们造成伤害。"当你能这样看待它，能记住这一点，你已经开始成为自己的主人，你不再是情绪风暴的受害者。

看着树梢在风暴中摇摆，我们会觉得这棵树随时会被风暴吹走。但是，如果我们看看树干和树根，我们就会发现这棵树有许多深深扎入泥土的根系。我们感到安心，我们知道这棵树会坚强地屹立不倒。丹田是我们肚脐下方的能量点；它就像大树的根。注意下腹，不要让你的所思、所看或所听把你带到树顶。像这样练习呼吸五分钟、十分钟或十五分钟，让你的心只专注于呼吸和下腹部，让你的情绪随之而去。当情绪风暴过去时，你知道你有能力保护自己，你有能力处理你的情绪风暴。你对自己有信心，你不再害怕。每次情绪风暴来临时，你都有办法保护自己；因此，你非常安心。

处理强烈情绪（二）

如果你正经历人生中的困难时刻，那么需要先增强你的幸福喜乐，然后再着手应对这些挑战。看起来好像应该相反。但是，先用幸福喜乐滋养自己，就能为面对痛苦打下基础。

以下的禅修可以帮到你：

安坐在一个宁静的地方，将你的觉知带到呼吸。使用以下第一个禅修指引来创造内在喜悦的感觉。接下来的第二个禅修指引，会让你有勇气面对痛苦的感受。

1. 吸气，我觉知到内在的喜悦。
呼气，我对内在的喜悦微笑。
吸气，我觉知到自己幸福快乐。
呼气，我对自己的幸福快乐微笑。

2. 吸气，我觉知到内在痛苦的感受。
呼气，我释放内在痛苦的感受和焦虑。

照亮

“照亮”他人，是指运用自己的观察和洞见，针对他人在禅修上的强项和弱点提供建议，以令其获益的练习方法。这是一种非常重要的练习。当人与人之间有深厚的关系、经常一起练习且紧密联系时，练习的效果最好。

练习

每位练习者都可以请求同修好友照亮自己，以帮助自己更清楚地看到长处与缺点以及修行的品质。对于照亮者和接受者来说，这都是一种非常深入的修行。它需要深刻的观照。我们需要深观我们的兄弟姊妹，并感受我们真正欣赏他们的品质。练习的唯一目的是想帮助对方，而这个愿望必须是由对他的爱与慈悲而生。

接受照亮者会合掌，请求同修照亮他：“亲爱的同修，请告诉我我的优点和缺点，并告诉我为了改善我的修行，我应该采取何种修行方法。”接着他会表达自己过去几个月来修行的情况：“亲爱的同修们，我有这些弱点、这种习气。我一直在尝试觉察这些习气，并使用这些方法来克服和转化我的习气”等。也可以说：“我用这些方法成功了，但是在转化这方面和那方面还不是很成功”。如此，他告诉同修们他对自己修行的看法。

然后，同修的每个人轮流分享他们的看法，所有参与的人都会细心聆听。

当我们在一起生活至少三个月时，我们才会做这个练习。当我们彼此认识的时间远远超过三个月时，这个练习就会非常有效。首先，我们要浇灌我们要照亮的人身上的花朵。我们告诉对方他的优点、他的美好、他正面的特质，以帮助这些品质成长。然后，我们再谈谈可以改善的地方，也就是弱点。这些都在充满爱心、洞见和慈悲的情况下进行的。因为我们使用的是爱语，所以对方不会受到伤害。最后，我们提出他可以用来使其修行有所进步的方法。当我们提出一些建议时，这些建议应该来自我们自己的经验。如果我们在修行道上克服了困难，得到了转化，我们就能提出对他有帮助的具体方法。我们所说的会非常接近事实，而且会帮助对方更清楚地认识自己。对方会接受我们的建议，以改善他的修行。我们不是在批评，而是在支持和分享每个人的修行之路。

重要的是要有一个人写下在照亮环节中所有发言。另一个人会将这些笔记写成一封信，称为“照亮之信”。照亮之信至少有三个部分。信的第一部分谈到这个人的正面、优点和美好品质。第二部分是关于他仍然存在的弱点。信的第三部分是就这个人如何改善他修行的方法和品质提出建议。因此，在照亮的环节中有很多慈悲与爱。

一开始，我们可能会很不愿意做这个练习。我们可能有点害怕别人会谈论我们的弱点；这听起来很不愉快。但不久之后，我们可能会发现自己喜欢这个练习。经过照亮的环节之后，我们会学到很多，也会更了解自己。

我们在照亮的环节里会学到很多东西。每个人都有自己的见解。我们将众人的意见结合为集体的视角，那总是比个人的眼睛明亮得多。当我们用个人的眼睛去看时，可能会看得不太清楚。但是如果有三十、四十、五十个人结合他们的观察力和视角，那就会让我们更接近真相。

写一封爱之信

在生活中，如果我们与某人发生争执，不妨花一些时间独处，写一封信给他。我们可以写信给每天都见面的人，但写给多年不见的人同样有效。许多人在写信给已离世的家人时，发现这种做法很有帮助。和解是我们对自己、挚爱和祖先的伟大奉献。如果我们与内在的父母和好，也可能找到与外在的父母和好的善巧方法。将和平与疗愈带入我们的血缘家庭，永远都不会太迟。

练习

给自己至少三个小时的时间，用爱语写一封信。在写信时，深观你们关系的本质。为什么沟通困难？为什么无法感到幸福快乐？

你可以这样开始：

我亲爱的儿子：

我知道你在过去多年来受了很多苦。事实上，我让情况变得更糟。我并不想让你受苦，我的孩子。也许我并不够善巧。也许我想把我的想法强加给你，给你带来痛苦。过去我以为是你让我受苦，我的痛苦是你造成的。现在我知道我要为自己的痛苦负责，是我让你受苦的。身为父亲，我不希望你受苦。请帮帮我。请告诉我我过去的不善巧，这样我就不会继续让你受苦，因为如果你受苦，我也会受苦。我需要你的帮助，我亲爱的儿子。我们父子俩人应该是幸福快乐的。我决心要做到这一点。请告诉我你心中所想。我保证会尽力不说让你痛苦的话，不做让你痛苦的事。你需要帮助我，否则我一个人做不到。过去，每当我痛苦的时候，我都倾向于惩罚你，说一些或做一些让你难受的事情。我以为那是解脱的方法，但我错了。我现在觉知到，我说的任何话或做的任何事让你痛苦，也会让我痛苦。我决心不再这样做了。请帮助我。

你会发现写完这封信的你，已经不是开始写信的那个你了。和平、理解和慈悲已经改变了你。二十四小时内就能创造奇迹。这就是爱语的练习。

延伸练习

独处

独处并不意味我们身边没有人。独处是指我们安住在此时此地，觉知当下所发生的一切。你运用正念去觉知自己的每一种感受、每一种认知，以及周围所发生的事；你与自己同在，你不会迷失自己。这就是理想的独处方式。理想的修行独处可以这样定义：不被过去所困住，不被未来或人群所带走，安住于此时此地，身心合一，觉知当下所发生的一切。

没有独处的能力，我们会变得越来越贫乏。当我们自己没有足够的养分，也就没有什么可以给予别人。学习独处是非常重要的。每天我们都应该花一些时间独处，更容易深入观察并得到滋养。

独处并不是要一个人待在高山上，或是森林深处的小屋里。独处并不是把自己隐藏在远离文明的地方。真正的独处来自稳定的心，它不会被人群或我们对过去的悲伤、对未来的忧虑或对现在的兴奋所迷惑。我们不会迷失自我；我们不会失去正念。安住于我们的正念呼吸，回到当下，就是依止我们每个人内心那座美丽、宁静的岛屿。

这并不表示当我们和一群人在一起时，无法“独处”并深观。这是可能的。即使我们身处闹市，我们也可以独处而不被人群带走。我们仍然是我们自己。即使是在群体讨论中，有集体的情绪，我们仍然是我们自己。我们仍然安全、稳固地安住于自己内心的岛屿上。

练习

练习的第一步是离群独处。第二步是即使是在群体中，你也能做你自己，活在独处时的安稳中。生活在独处中，并不意味着你将自己与他人隔离。正因为你在独处时的安稳中，你才能与世界共融。我觉得我和你是相连的，因为我完全是我自己。就是这么简单。要真正与世界相连，你必须先回到你自己。

练习坐禅、行禅、正念用餐，与他人一起工作，但同时安住于自己内心的岛屿上。享受与家人和朋友相处的乐趣，但不要被集体的情绪和看法所困扰和迷失。你的社群、你的家庭，就是你的支持。当你看到社群中有人以正念行事、以爱语说话、享受工作时，那就是对你的提醒，让你回到自己的正念之源，回到独处时的安稳中。

当你享受与周围人和朋友相处的时光，在与他人互动的过程中也不会感到迷失，那么即使身处社会之中，你也能微笑、平和地呼吸，安住在内心的岛屿上。

寂静

寂静来自我们自己的心，而不是来自外在。如果我们真的能保持寂静，那么无论我们身处何种境况，我们都能享受宁静。寂静不只是不说话或不做喧闹的事。寂静的意思是我们的内心不受干扰，没有内在喋喋不休。有些时候，我们以为自己很安静，周围也很安静，但其实脑子里一直在说话。那不是寂静。

禅修不是在我们的活动之外创造寂静，而是在日常活动之中保持安稳宁静。与他人一起用餐，是享受寂静的机会。坐禅、行禅、聆听佛法讲座都是体验寂静的机会。当我们内心宁静时，觉知可以渗入我们心灵的土壤。

练习

在梅村禅修中心的禅修营中，从傍晚坐禅结束后到隔天清晨早餐后，都是一段静默的时间。让寂静与平和渗透你的身心。让集体的正念能量渗透你的身心。慢慢地走回到你的房舍，注意每一步。深呼吸，享受宁静与清新。即使有人走在你身旁，也保持安静；这个人也需要你的支持。你可以独自待在外面一会儿，与树木和星星为伴，然后回到房舍，使用浴室，换件衣服，上床睡觉。

躺在床上，练习深度放松，直到入睡。清晨醒来时，享受正念呼吸，静静地走到浴室梳洗，然后前往禅堂。你不需要等待任何人。在路上当你看到他人时，只要合掌鞠躬，让他和你一样享受早晨。

懒惰日

我们许多人都把日程排得满满的，甚至连我们的孩子也一样。我们以为保持忙碌，就能满足自己，但我们不断的忙碌却是我们饱受压力和忧郁的原因之一。我们把自己逼得太辛苦，也把我们的孩子逼得太辛苦。这不是一种文明的生活方式。我们必须改变这种状况。

懒惰日是让我们没有任何预定活动的一天。我们只是让这一天自然地、轻松地展开。我们可以自己或与朋友一起行禅，或是在森林里静坐。我们可以轻松地阅读，或是写信给家人或朋友。

这一天可以让我们更深入地检视自己的修行，以及与他人的关系。我们可能对自己的禅修有更多的理解。我们可能会认识到该做什么或不该做什么，才能让我们的禅修更和谐。有时，我们可能在练习中过于强迫自己，造成内在与周围的不和谐。在这一天，我们有机会平衡自己。我们可能会觉知到自己只是需要休息，或是我们应该更精勤地练习。对每个人来说，这都是非常安静的一天。

当我们无事可做时，会感到无聊，并寻找可以做的事或娱乐。我们非常害怕待在那里什么都不做。懒惰日就是为了训练我们不要害怕什么都不做。否则，我们就无法面对压力和忧郁。只有当我们意识到自己正感到无聊，并且在寻找娱乐来掩饰自己心中的孤独和无价值感时，紧张、沮丧和压力才会开始消解。我们可以安排自己的日常生活，让我们有机会学习和培养平和、喜乐、爱和慈悲。

练习

懒惰日不是你可以随心所欲的一天。在大多数的日子里，你有很多事情要为别人做，很多日常生活的事情要处理，也有些事情你非常想为自己做。但那不是懒惰日。懒惰日是你不会做很多事的一天。因为你习惯了总是在做些什么，这已成为一种坏习惯。懒惰日是练习纠正这种习气的严厉措施。

在懒惰日，你尽量不安排满满的日程。试着什么都不做。这很难。虽然很难，但你可以学习一种新的存在方式。你认为什么都不做就是浪费时间。这不是真的。你的时间，首先是为了让你存在：活着、和平、喜乐并充满爱。这个世界需要喜乐和有爱心的人，这些人只需要存在，不需要做很多事。如果你知道如何平和、安稳，那么你就有了行动的基础。行动的基础是“存在”;“存在”的品质决定了“行动”的品质。而行动必须基于非行动。

我们通常会说“不要只是坐在那里，要做些事情”。但我们现在必须反过来说，“不要只是做事情，就坐在那里吧”，这样才能使和平、理解和慈悲成为可能。

聆听禅修讲座

如果你到禅修中心参加禅修营，或参加导师带领的禅修小组或正念活动，你就有机会听到关于修行方法的讲座。

练习

请提早到达讲座现场，以便你有足够的时间找到座位，并让自己处于平静的心境中。以开放和接受的心聆听讲座。如果你只用理智聆听，将所说的与你自以为知道的或听过的他人所说的做比较和判断，你可能会错过真正接受所传达的信息的机会。

让禅修的指导如雨水般深深地渗入你的意识，浇灌智慧与慈悲的种子。以开放的心聆听，就像大地接受一场清爽的春雨。这场讲座可能正是我们的树，让它开花结果，结出理解与慈爱的果实。

基于对教义和导师的尊重，请你在讲座中坐在椅子或坐垫上，不要躺下。如果你在讲座中感到疲倦，请保持正念地调整你的坐姿，并练习深呼吸和轻柔按摩一两分钟，为你的大脑和身体的疲劳部位带来新鲜的氧气。

在讲座中，避免说话或发出扰人的声音。如果绝对有必要在讲座中途离开，请尽量减少干扰。

小组讨论

小组讨论是一个机会，让我们从彼此的见解和禅修经验中获益。这是一个特别的时刻，让我们分享与正念修持有关的经验、喜乐、困难和问题。通过在他人说话时练习深度聆听，我们可以帮助创造一个平静且让人容易接受的环境。借由学习分享我们的幸福和禅修中的困难，我们对共修社群的洞见和理解会有所贡献。

练习

我们只分享基于练习的经验，而不是抽象的想法和理论。我们许多人都有相似的困难和愿望。坐下来一起聆听，一起分享，你会看到你与他人之间真正的联系。每次由一个人分享。当这个人发言时，所有人都跟随自己的呼吸，深深地聆听，不要批判或反应，也不要交头接耳或提供建议。

请记住，在小组讨论时间分享的任何内容都是重要的。如果有朋友分享他所面对的困难，请尊重他可能愿意或不愿意在小组讨论时间以外谈论这件事。

彼此分享禅修经验，
我们相视而笑。
你就是我，看到了吗？
说与听，我们是一体。

接触大地

接触大地的练习，也称为礼敬或跪拜，帮助我们回归大地，回归我们的根源，并认识到我们并非孤独一人，而是与一脉相承的灵性和血缘祖先连结在一起。接触大地是为了放下我们彼此分离的想法，并提醒我们，我们是大地和生命的一部分。

当接触大地时，我们会变得渺小，带着孩童般的谦卑和单纯。同时，我们也会变得伟大，就像一棵古老的树，将根深深扎入大地，吸收一切的水源。当我们接触大地时，我们吸入大地所有的力量和安稳，并呼出我们的痛苦——我们的愤怒、仇恨、恐惧、不足和悲伤。

练习

开始接触大地时，请合掌于胸前，呈莲花花蕾的形状。然后，轻轻地弯身跪下来，让小腿、前臂和额头舒适地贴在地面上。接触大地时，手掌朝上，吸入大地所有的力量与安稳，呼气时释放对任何痛苦的执着。在练习一两次接触大地之后，你已经可以释放很多痛苦和疏离的感觉，并与你的祖先、父母、子女或朋友和解。

与同修一起练习接触大地是很有帮助的。当你与同修在一起时，可以由一个人做请钟师，在每次接触大地之间请钟声响起，并在大家接触大地时，朗读《五项触地法》。如果你自己练习触地法，你可以录下自己的朗读，或是凭记忆来做。

五项触地法

- 第一项触地法

  我带着感激礼敬历代祖先和父母双方的血缘家庭。

我看到父母的血肉和生命在我的每个细胞和血管中流动。通过我的父母，我看到我的祖父母和外祖父母。他们的期望、憧憬以及历代祖先的智慧和经验，都传承给了我。在我之中有历代祖先的生命、血统、经验、智慧、幸福和苦痛。他们传给我的不足和痛苦，我正修习转化。他们传给我的智慧、经验和慈爱，我敞开身心接受。我的根在父母、祖父母和祖先之中，我是祖先和宗族的延续。请父母、祖父母和祖先护助，传送您的能量给我。我知道，子孙在哪里，祖先就在哪里。我知道，所有的父母和祖父母都爱护和支持自己的子孙，尽管有时他们在生命中遇到困难或不幸，未能表达他们对子孙的爱和护助。我看到祖先创立了根植于感恩、喜悦、信心、尊重和慈爱的生活方式。我是祖先的延续。我接触大地，接受血缘家庭和祖先的能量。祈请您给我力量与保护。

- 第二项触地法：
  我带着感激礼敬佛陀、祖师及历代心灵祖先。

我看到我的老师和祖师，您教导我理解、慈爱、呼吸、微笑、宽容和深刻地活在当下。通过我的老师和祖师，我接触到历代圣贤。在我之中，有佛陀、祖先、历代圣贤的能量，给予我祥和、安乐、理解和慈爱。我知道这些导师的能量已深刻地转化了世界。没有佛陀，没有祖先，没有老师，我不会懂得如何修习，并为自己和家庭、社会带来喜悦和安详。我敞开身心，接受您的经验、智慧、慈悲、关爱和护佑。我是佛陀和所有心灵祖先的延续。祈请您传送给我慈爱、安乐和安稳的能量。我愿修习转化内心和世界的痛苦，也把佛陀和心灵祖先的能量传递给后代子孙。

- 第三项触地法：
  我带着感激礼敬开创国土的历代祖先。

我在这片国土上，看到所有曾经努力开创、保护和建设家园的祖先。我看到（可以加上你敬爱的人），以及为人知或不为人知的祖先，我愿与您一起，以才能、慈爱和坚忍，令这国家成为许多不同民族、不同肤色的人的归依处。您建立学校、医院、桥梁、道路、市集，您设立人权、法律、科学，提高生活品质。我接受过去生于这片国土的所有祖先，您与所有生物和大自然一起安宁生活，我也学习与大自然与所有人和谐共处。我感到这片国土的能量渗透在我之中，支持我、保护我。我愿继续保存和延续这能量之流。我愿帮助转化仍根植于社会集体意识中的暴力、仇恨与无明，这样我们的后代子孙将享有更多的安全、喜悦与和平。祈请这片国土给我保护与支持。

- 第四项触地法：

  于感恩和慈悲中，我接触大地，将能量传送给所爱的人。

我愿将我接收到的所有能量传送给我的父亲、母亲、所有我爱的人和因我而受苦、担忧的人。我知道自己在日常生活中缺乏正念。我知道爱我的人也有自己的难处。他们受苦，是因未能足够幸运地拥有鼓励他们充分发展的环境。我将能量传送给我的父亲、母亲、兄弟姐妹、丈夫、妻子、儿女与我爱的人，愿他们转化心中的痛苦，心安平静、健康安乐，感受生命的喜悦。我知道，他们安乐，我也安乐。我不再对他们存有丝毫怨恨。我礼敬祖先，愿血缘和心灵家庭中的祖先护佑、支持他们。我知道我并不独立存在于他们之外。我与我爱的人一体。

• 第五项触地法：

于理解与慈悲中，我接触大地，与那些让我痛苦的人和解。

我打开心扉，传送理解与慈爱的能量，给曾经令我痛苦的人。我知道他们经历了很多痛苦，心中累积了愤怒、怨恨，因而让周围的人痛苦。我知道他们并不幸运，没有机会受到关爱照顾，承载了来自生活与社会的许多艰辛和苦难。他们未有机会学习正念生活，对生活、我和我们有错误的认知，因而令自己和所爱的人痛苦。我祈请我的血缘家庭和心灵家庭传送他们理解与慈爱的能量，令他们的心能接受慈悲甘露，像花儿一样绽放。我祈愿他们转化痛苦，体验生命的喜悦，不再让自己和他人受苦。我看到了他们的痛苦，不再对他们有任何仇恨或愤怒，不想他们再受苦。我将理解与慈爱传送给他们，并祈请所有血缘和心灵祖先给他们护助。

旅行与回家

我们习惯了经常旅行。即使是去度假，或来到禅修中心或其他休息的地方，我们早已计划好我们的行程。在梅村，我们尽量避免进城。在禅修中心的时间非常宝贵。这里有许多培养和平与幸福的元素，比如美丽的树木、鸟儿、从各地而来和我们一起禅修的兄弟姐妹。集体的正念能量是最珍贵的。我们要将时间用在专心禅修之上。

通常，当人们找到一个可以放松的地方，或是在某个禅修中心安顿下来后，到了要离开的时刻就会感到很伤心。但是，无来也无去，因为我们永远与你同在，你也永远与我们同在。当你回家时，请记得正念呼吸。你会知道梅村的朋友和我们全世界的共修社群也在呼吸。

练习

当你回到家庭和社会中时，请继续禅修。当你在梅村学会与同修和谐共处时，你也可以在家庭和社会中培养和谐。当你在禅修中学会理解和欣赏你的朋友时，你也可以学习理解和欣赏你的同事和邻居。正念练习无处不在。

在任何地方、任何时间，你都可以通过正念呼吸、正念饮食、爱的语言、深度聆听以及许多其他美妙的练习来培养正念。当你这样做时，你会觉得自己与他人连结在一起，不再孤单。

慈心禅

爱，首先是如实地接纳自己。这就是为什么在慈心禅中，“认识自己”是慈爱的第一个练习。当我们这样练习的时候，就会看到造就现在的我们的因缘条件。这让我们很容易接受自己，同时接受经历过的苦与乐。

有一天，古印度憍萨罗国的波斯匿王问摩利王后：“我亲爱的妻子，有没有人像你爱自己一样爱你？”王后笑着回答：“我亲爱的丈夫，有谁比你更爱你自己呢？”第二天，他们把对话告诉佛陀，佛陀说：“你说得对。宇宙中没有比我们更爱自己的人了。我们的心可以游走千万方向，但却找不到比自己更亲爱的人。当你看到爱自己有多重要的那一刻，你就不会再让别人受苦了。”

练习慈心禅，我们从一个愿望开始：“愿我……”。接着，我们超越愿望的层次，深入观照禅修对象的所有正面与负面特质，在这里，禅修对象指的是我们自己。愿意去爱还不是爱。我们深入观照，全心全意地去理解。我们不只是重复着这些句子，或模仿他人，或追求某些理想。慈心禅不是自我暗示。我们不只是说："我爱自己，我爱一切众生。"我们深观自己的身体、感受、认知、心行和意识。在短短几个星期，我们爱的愿望就会变成深厚的意愿。爱会进入我们的思想、我们的言语和我们的行动，我们会注意到自己的身体和精神都变得平和、快乐、轻盈，安全、不受伤害，也没有嗔怒、痛苦、恐惧和焦虑。

当我们练习时，我们会观察到自己已经拥有多少平静、快乐和轻安自在。我们会注意到自己是否对意外或不幸感到焦虑，以及我们心中已经有多少嗔怒、烦恼、恐惧、焦虑或担忧。当我们觉察到自己内在的感受时，我们对自己的理解将会加深。我们会看到自己的恐惧和缺乏平静是如何造成我们的不快乐，我们也会看到爱自己和培养慈悲心的价值。

在慈心禅中，"愤怒、苦恼、恐惧、焦虑"是指所有不健康的、负面的心行，这些心行在我们心中，夺去我们的安宁与幸福快乐。嗔怒、恐惧、焦虑、渴求、贪婪和无明是我们这个时代最大的痛苦。通过实践正念生活，我们能够处理它们，并将我们的爱转化为有效的行动。

练习

这个慈心禅的练习，改编自觉音的《清净道论》，一部公元5世纪成书的著作。

愿我平静、幸福、身心轻安自在。

愿我平安，不受伤害。

愿我无有愤怒、恐惧和焦虑。

愿我学习以理解和爱看待自己。

愿我能够觉察和接触内在喜乐和幸福的种子。

愿我学会辨识和看到自己内在愤怒、贪爱和无明的根源。

愿我懂得每天如何滋养内在喜乐的种子。

愿我能够清新、安稳、自在地生活。

愿我免于执着和厌恶，但不冷漠。

要练习慈心禅，请安坐，平静身体和呼吸，并对自己念诵这些禅修句子。坐姿是最好的练习姿势。安坐时，你不会被其他事情所困扰，因此你可以如实地深观自己，培养对自己的爱，并知道怎样在世界上以最好的方式表达慈爱。

开始练习时，先对自己（“我”）做慈心禅。在你能够爱自己、照顾自己之前，你不可能对他人有很大的帮助。之后，在其他人身上练习（愿他 / 她 / 他们在身体和精神上都能平静、幸福、轻安自在）。首先是你喜欢的人，然后是对你来说没有特别感情的人，接着是你爱的人，最后是只要你一想到，就会感到痛苦的人。

人是由五种元素，即五蕴（skandhas）所组成。五蕴是色、受、想、行、识，即身体、感受、认知、心行和意识。在某种程度上，你就是测量师，而这些元素就是你的领地。要想知道自己内在的真实状况，你就必须理解自己的领地，包括你内在彼此交战的元素。为了让内在达到和谐、调和与疗愈，你必须理解自己。深入观察与倾听，检视自己的领地，就是慈心禅的开始。

开始练习时，深观色蕴，也就是你的身体。问：此刻我的身体如何？过去如何？将来又会如何？之后，当你禅观一个你喜欢的人、一个对你而言无特别感情的人、一个你爱的人、一个你讨厌的人时，你也从观想对方的身体开始。吸气、呼气，观想他的脸，他走路、坐着、说话的方式，他的心、肺、肾，以及他身体里的所有器官，用你所需要的时间，将这些细节带入觉知。但一定要从自己开始。当你看清楚自己的五蕴时，理解和爱油然而生，你会知道什么该做，什么不该做。

观照自己的身体，看看它是安详的，还是正遭受疾病的折磨。看看你的肺、心、肠、肾、肝的状况，看看你身体真正的需要是什么。当你这样做时，你在饮食和其他行为上将会显示出你对身体的爱和慈悲。以往你会遵循自己根深蒂固的习惯。但是当你深入观察时，你会发现许多这些习惯会伤害你的身心，因此你会努力改变固有的习惯，使其有利于健康和活力。

接下来，观察你的感受——它们是愉快的、不愉快的或是中性的。感受就像河流一样在我们心中流动，每种感受都是河流中的一滴水。看看你的感受之河，看看每种感受是如何形成的。看看是什么让你无法幸福快乐，并尽力改变这些事情。练习接触美妙、清新和疗愈的元素，这些元素已经在你和世界里。这样做，你会变得更坚强，更能够爱自己和他人。

然后，以你的认知作为观照的对象。在这个世界上最受苦的人，就是拥有许多错误知见的人，而我们大部分的知见都是错误的。你在黑暗中看到一条蛇，就会感到恐慌，但是当你的朋友用光照射它时，你会发现它只是一条绳子。你必须知道哪些错误的认知会让我们受苦。请在纸上用心地写下“你确定吗？”这句话，然后贴在墙上。慈心禅帮助你学会以清晰、平静的眼光去看，借以改善你的认知方式。

接下来，观察你的心行，也就是你内在的想法和倾向，这些想法和倾向会引导你说话和做事的方式。练习深入观照以发现你心行的真实本质——你是如何受到个人意识的影响，以及受到家庭、祖先和社会集体意识的影响。不健康的心行会造成许多扰乱，而健康的心行则会带来爱、幸福快乐和解脱。

最后，看看你的心识。心识就像一片田地，里面有各种各样的种子：爱、慈悲、喜悦、平静的种子，愤怒、恐惧、焦虑的种子，以及正念的种子。心识是包含所有这些种子的仓库，也就是你心中可能生起的所有可能性。当你的心不平静时，可能是因为藏识中的欲望和感受在作祟。要想生活在平静中，你必须觉知你的倾向、你的习气，如此你才能照顾好自己。这是预防保健的做法。深入观察你感受的本质，找出它们的根源，看看哪些感受需要改变，并滋养那些能带来和平、喜乐和幸福的感受。

单边裁军

当我们意识到自己所做的事导致他人不快时，我们该怎么做？那个人可能还活着，也可能已经离世。我们能做些什么来弥补呢？伤痕不只存在于对方的身体、心灵、意识中，也存在于我们自己之中。假设我们多年前对祖母说了一些不友善的话。痛苦仍然存在于我们的意识中，存在于我们的心灵中。我知道祖母带着她的伤痕活在我心中，我也带着同样的伤痕活着。实践单边裁军意味着我们解除自己的武装，不管对方做了什么，也不管对方是否还活着。

我们不需要对方在场，就可以疗愈自己。我们不需要对方坐在我们面前，才能与他和解。和解与疗愈可以单靠自己来实现。我们可以单边裁军。如果我们解除自己的武装，如果我们变得和平，如果我们决定不攻击、不争吵，我们的内心就已经拥有了和平。即使只有一个人实践单边裁军，也已经会对其他人产生影响。

练习

当你觉察到心中的伤痛时，开始吸气和呼气，继续对这些伤痛保持觉知。我们可以说：吸气，我觉知我内心的伤痛；呼气，我正在好好照顾它。吸气，我说“对不起，祖母”；呼气，说:“我知道我不会再犯了”。

当你如此练习时，你会让内在的祖母微笑，而疗愈也开始进行。当你解除自己的武装、决定放弃斗争，并练习在自己身心重新开始的那一刻，疗愈就开始了，而你所经历的转化很快就会影响对方。她会看到你的改变。现在你以不同的方式看着她，以非常不同的方式对她微笑。你现在是一朵花，不再是她的眼中钉。很快的，她就会注意到这一点，而轮到她裁军和转化了。

和平始于我。和解始于我。疗愈始于我。所以，当你练习深呼吸，对自己的痛苦微笑，并且发愿要重新开始时，或当你练习慈爱、照顾自己的痛苦时，你已经在练习照顾对方。照顾自己就是照顾对方。

比如，假设你在与某人分离十年之后，写了一封和解信。如果你的信是真诚的，在写信时你会马上感觉好多了。你还没有把信放入信封，还没有贴上邮票，还没有去邮局寄出，对方还没有收到信，但是你现在感觉非常好，你已经与自己和解了，健康状况马上得到改善。那个人需要三、五天的时间才能收到信，并打电话向你致谢，但这只是其中一个效果，而不是唯一的效果。

与内在小孩对话

我们许多人内在都有一个受伤的小孩。在孩提时，我们曾深深受伤，这使我们很难信任和爱，也很难接受别人对我们的爱。花时间回到这个受伤的孩子身边，是非常重要的练习，但这样做可能会有一个障碍。我们都知道自己内在有一个受伤的小孩，但是却害怕回到自己，与那个孩子在一起。我们内在的痛苦与悲伤是如此的巨大，压得我们喘不过气来，所以我们逃避它。但是，我们需要回家去照顾这个受伤的小孩，尽管这样做很困难。我们需要修习指引，而不会被痛苦压得喘不过气来。

练习

行禅、坐禅和正念呼吸是至关重要的。此外，同修的正念能量也可以帮到你。当你第一次回到受伤的小孩时，你可能需要一两位朋友坐在你身边，特别是那些在禅修上有成就的朋友，以给予你支持、正念和能量。当朋友坐在你身边并握着你的手时，你会将他的能量与你自己的能量结合起来，因此你可能会觉得更安全，可以去拥抱内在受伤的小孩。

当你坐禅或行禅时，与内在受伤的小孩说话，以正念的能量拥抱这个孩子。你可以说“亲爱的，我在这里陪着你，我会好好照顾你。我知道你受了这么多苦，而我一直都很忙，疏忽了你，现在我学会回到你身边的方法了”。

你可以每天与这个孩子交谈，让疗愈自然发生。小孩子已经被抛弃很久了，所以你要马上开始练习，温柔地拥抱这个孩子，向他保证你不会再让他失望，也不会再让他缺乏照顾。如果你有一个充满爱心的共修社群，那么你的修习会更容易。如果没有兄弟姐妹的支持，单独修习会比较困难。有同修兄弟姐妹在困难的时刻帮助你、给你建议和支持是非常重要的。

你受伤的小孩可能代表着几个世代。也许你的父母和祖父母也有同样的情况；他们内在也有一个受伤的孩子，但他们不知道如何处理，所以他们把受伤的孩子传递给了你。我们的修习要结束这个恶性循环。如果你能疗愈你受伤的小孩，你就能放下以往曾经伤害过你的人。那个人也可能曾经受过伤害。如果你对内在受伤的小孩生起正念、理解和慈悲的能量，你所受的痛苦就会少很多。人们之所以受苦，是因为他们没有接触到慈悲和理解。当你生起正念时，慈悲和理解就成为可能，那么你就可以让别人爱你。之前，你对每件事、每个人都充满怀疑。慈悲能帮助你与他人相处，并恢复沟通。

十四项正念修习

实践十四项正念修习，可以帮助我们理解万物相互依存的本质。我们无法独自存在，我们与其他人和万物相互依存。实践这些修习，是要觉察我们的身体、心灵和世界所发生的一切。有了觉知，我们就能安乐生活，在我们活着的每一刻都全然临在，有智慧地寻找我们所面临问题的解决方法，并以大大小小的方式为和平而努力。如果我们深入实践这些修习，就会认知到每一项修习也包含其他各项。

练习

第一项正念修习：开放的态度

觉知到盲信和缺乏包容所造成的痛苦，我们决意不盲目崇拜或受限于任何观念、理论和学说，即使是佛教义理。我们视佛陀的教导为帮助我们培养智慧和慈悲的修习指引，而不是以争斗、杀戮或牺牲自己来捍卫的教义。我们明白，种种盲目的信念源于二元思想及分别心。我们将学习以开放的态度和相即的智慧观看万物，借以转化内心和世界上的暴力、独断和教条主义。

第二项正念修习：放下执着

觉知到执着己见和错误认知所造成的痛苦，我们决意放下固执和狭隘的想法。我们承诺学习和修习不执着于自己的见解，并以开放的态度接受他人的意见和经验，从集体智慧中受益。我们知道自己现有的知识并非不变的绝对真理。智慧并不来自知识的积累，而是通过修习观照和慈悲聆听、舍离对观点与概念的执着而获得。真理就在生活中，我们愿一生修习，时刻观照自己和周围的生命。

第三项正念修习：思想自由

觉知到将自己的想法强加于人所造成的痛苦，我们承诺不以任何方式——权力、金钱、威胁、宣传或灌输教化，强迫他人包括自己的子女跟随我们的观点。我们愿尊重他人的不同之处及其选择，尊重思想自由，但会学习以爱语和慈悲对话帮助他人放下和转化盲信和狭隘的思想。

第四项正念修习：觉察痛苦

觉知到观照痛苦的本质能够帮助我们生起理解与慈悲，我们决意回到自己，以正念觉察、接受、拥抱和倾听痛苦。我们将尽心修习，不逃避，也不以消费掩盖痛苦。我们会修习正念呼吸和正念步行，以深观痛苦的根源。我们知道，必须透彻理解痛苦的根源，才能实现离苦之道；理解自己的痛苦，才能理解他人的痛苦。我们决意通过电话、网络、影音及其他联系方法接触正在受苦的人，帮助他们转化痛苦为慈悲与安乐。

第五项正念修习：慈悲健康生活

觉知到真正的幸福来自平静、安稳、自在和慈悲，我们决意不积累金钱和财富而让千百万计的人活在饥饿与贫困之中。我们不会视名望、权势、财富和感官欲乐为人生目标，因为这些都可能带来痛苦与绝望。我们将深观如何以饮食、感官、意志和心识这四种食粮滋养身心。我们决不投机或赌博，也不饮酒或使用麻醉品及其他含有毒素的产品，例如某些网站、电子游戏、音乐、电视节目、电影、书刊和谈话。我们将修习正念摄取，以保持自己、家庭、社会和地球众生的身心安详、慈悲和喜悦。

第六项正念修习：照顾愤怒

觉知到愤怒妨碍沟通，造成痛苦，我们决意照顾愤怒的能量，觉察和转化心识深处的愤怒种子。当愤怒生起时，我们不说话或做任何事，只是修习正念呼吸或正念步行，以觉察、拥抱和深观心中的愤怒。我们知道，愤怒的根源并不在我们之外，而是源于我们错误的看法、对自己和众生的苦痛缺乏理解。借由观照无常，就能以慈悲之眼看待自己和我们以为引起了愤怒的人，认识彼此关系的珍贵。我们愿修习精进，培养慈爱、理解、喜悦和包容，逐渐转化我们的愤怒、暴力和恐惧，并帮助他人修习和转化。

第七项正念修习：现法乐住

觉知到生命只在当下，我们承诺修习深刻活在生命的每一刻，不迷失在散乱的思绪中，也不被愧疚过去、担忧未来或当下的贪欲、愤怒、妒忌牵引。我们愿修习正念呼吸，觉知当下发生的事情。我们将学习正念生活的艺术，接触周围清新、疗愈和滋养的元素，灌溉内在喜悦、安详、理解和慈爱的种子，转化与疗愈我们的心识。我们知道，真正的幸福取决于我们的心态和对事物的看法，而不是外在条件。能够回到当下此刻，就会觉察到幸福快乐的条件已然具足。懂得知足，就能幸福地生活在当下。

第八项正念修习：建立真正的共修团体

觉知到缺乏沟通导致疏离和痛苦，我们愿修习慈悲聆听，使用爱的语言。理解到真正的共修团体植根于彼此的包容，意和同悦、见和同解的具体修习，我们愿修习与团体其他成员分享经验与见解，以达至集体共识。我们承诺修习深度聆听，不评判，不指责，不说造成团体不和或分化团体的话。遇到困难时，我们坚持留在团体里，修习深观自己和他人，以觉察导致困境的因缘条件，包括自己的习气。我们愿为自己引起的冲突负责，以开放的态度保持沟通。我们不会视自己为受害者，积极寻找方法和解，解决所有纷争，无论这些纷争多么微小。

第九项正念修习：真诚爱语

觉知到语言能带来幸福，也能带来痛苦，我们承诺学习真诚、慈爱、有建设性地讲话，只说能够滋养喜悦、信心、希望、让彼此和解的话语。我们愿使用爱语和聆听，帮助自己和他人转化痛苦，找到走出困境的路。我们决意不说不真确的话以谋取个人利益或他人好感，也不说造成分化与敌意的话。我们决意保护团体的幸福和谐，不在别人不在场时谈论他们的过失，亦时常检视自己对事物的见解和观点。说话的唯一目的是为了促进理解和带来转化。我们不散播谣言，不批评或谴责不确定的事，但会尽己所能说出不公义的情况，即使这样做可能令我们的安全受到威胁。

第十项正念修习：保护及滋养共修团体

觉知到共修的本质和目的是实践理解和慈悲，我们承诺不利用团体获取个人利益和权力，亦不把团体变成政治工具。作为修行团体成员，对压迫和社会不公，应有清晰的觉察和立场，并尽力改变情况，不偏不倚。了解到自己和他人同是团体的一部分，我们承诺学习以相互依存的智慧观看事物。作为团体的一员，我们以念、定、慧滋养自己及团体，建立手足情谊，如河水流淌。我们修习三德——断德（断除烦恼）、恩德（慈爱）、智德（理解），以实现集体觉醒。

第十一项正念修习：正确生活态度

觉知到环境和社会已受到暴力和不公义的严重破坏，我们承诺修习正命，决不从事对人或自然造成伤害的职业。我们愿选择为众生带来幸福安宁的职业，以实践慈悲与智慧的理想。觉察到人与生态系统的相互关系、世界经济、政治和社会的现象，我们决心承担消费者和公民责任，不投资消耗天然资源、损害地球和剥削他人的企业，也不购买他们的产品。

第十二项正念修习：尊重生命

觉知到战争和冲突造成的痛苦，我们承诺在日常生活中培养非暴力、慈悲和相即的智慧。我们愿参与和平教育工作和正念调解，以促进家庭、社会、种族、宗教和世界各国的和解。我们决不杀生，不让他人杀生，也不在思想或生活方式上支持任何杀生的行为。我们将与同修一起修习观照，以寻找有效的方法保护生命，防止战争，建立和平。

第十三项正念修习：慷慨分享

觉知到剥削、盗窃、社会不公义和压迫造成的痛苦，我们承诺培养慈悲心，在思想、语言和行动上修习慷慨分享，将喜悦和安乐带给他人、动物、植物和矿物。我们愿与有需要的人分享时间、能力和财物。我们承诺不偷窃，不拿取不属于自己的物品。我们尊重他人的财产，但会尝试阻止他人为谋取自身利益而导致人或其他众生受苦。

第十四项正念修习：正确行为

觉知到性欲不等于真爱，基于贪欲的性关系不能消除孤单，反而造成更多痛苦、沮丧和疏离，我们承诺，如果没有真爱，没有长久和公开的承诺，我们不会与任何人发生性行为。我们愿从支持和信任我们的家庭成员、朋友和共修团体，寻求对这真挚关系的心灵支持。我们知道，要保护自己和他人的幸福，必须尊重彼此的承诺。觉知到人类经验的多元性，我们承诺对任何性别认同或性取向不存分别心。认识到身心一体，我们愿学习用适当方法照顾性能量，培养慈、悲、喜、舍这四个真爱的基本元素，令自己和他人幸福快乐。我们知道，性行为可能导致将来的痛苦。我们愿以尊重和慈悲对待自己的身体。我们承诺深观生活中摄取的四种食粮，学习方法保存能量，包括精、气、神，以有充足的精神和力量服务众生，实践菩萨行。我们决心尽己所能保护儿童免受性侵犯，亦会保护家庭避免因不正当性行为而遭到破坏。我们全然了解孕育新生命所需承担的责任，并时常静思下一代的未来的环境。

与孩子一起练习

聆听年轻人

身为成年人，我们可能觉得自己拥有许多智慧和经验，而孩子们还年轻，懂得很少。因此，一代又一代的父母、老师、兄长和姐姐们会认为孩子们的意见并不重要。他们觉得孩子们缺乏足够的经验，想法或需求无关紧要。年长者可能认为自己最清楚什么对孩子最好。然而，这并不一定正确。当年长者并未充分理解或深入聆听孩子的困难和内心深处的愿望时，就无法真正地爱他们。爱必须源于理解。如果爱没有建立在理解之上，那么这种爱是有害的。父母常常在不知不觉中让孩子受苦，哥哥姐姐也让弟弟妹妹受苦，而他们自己却没有意识到。

当我们强迫孩子去做一些我们认为对他们最好的事情时，我们与孩子之间的沟通就会破裂。当彼此之间不再能够沟通的时候，我们如何能够幸福呢？保持父母与孩子之间的畅通交流是最重要的。沟通之门一旦关闭，父母和孩子都会受苦。但若我们通过正念修习保持良好沟通，父母和孩子就会像朋友一样分享彼此的生活，这是找到真正幸福的唯一途径。

在家中，我们可以每周举行一次家庭会议。一家人坐在一起，我们有机会讨论那些对我们幸福至关重要的事情。如果孩子在学校遇到困难，或大人在工作中遇到困境，这些都可以分享出来，让全家人都可以贡献自己的智慧来看看如何改善情况。这样修习的家庭就如共修社群一般，而共修社群也如同一个家庭，因此它们自然有着相似的运作方式。我们不必称自己为修行人才能将这些修习运用到生活中。这只关乎将平和与喜悦带到我们的家庭和社群之中。

练习

爱语和深度聆听是打开亲子沟通之门的两个绝佳方法。身为父母，你在跟孩子说话时不应使用权威的语言，而应使用爱的语言。当你能够用爱和理解的语言说话时，孩子会主动向你倾诉他们的困难、痛苦和焦虑。通过这样的交流，你将更理解孩子，并能够更爱他们。若你的爱不是基于理解，孩子便感受不到这份爱。

真正爱孩子的话，你可以对你的孩子说："我的宝贝，你觉得我足够理解你吗？你觉得我是否明白你的困难和痛苦呢？请告诉我，我想真正了解你，这样我才能用不伤害你的方式来爱你。"你可以说："亲爱的，请告诉我实话。你认为我理解你吗？我理解你的痛苦、你的困难，还有你最深切的愿望吗？如果我还未理解，那么请帮我理解你。因为如果我不理解的话，我会继续以爱之名让你受苦。”这就是我们所说的爱语。

在孩子说话的时候，请细心聆听。有时孩子会说出一些让你惊讶的话，可能会与你的看法截然相反。即便如此，仍然悉心聆听。请允许孩子自由地表达。不要在他说话时打断或批评他。当你全心全意地聆听——半小时、一小时，甚至三小时，你会开始更深入地看见他，更加理解他。

尽管孩子还很小，但他亦有深刻的洞见和自己独特的需求。也许你开始意识到，长久以来自己可能一直在让孩子受苦。若他在受苦，那你也将一并受苦。

与孩子一起行禅

与孩子一起行禅，是美妙的正念修习。你可以在行走时牵着孩子的手。他会感受到你的专注和安定，而你也会接受到他的清新和纯真。他可能会时不时地跑到前头，然后等着你追上来。孩子是正念的钟声，提醒我们生命是多么美好。

我们可以告诉孩子，当他们有强烈情绪或感到不安时，行禅是一种可以帮助他们平静下来的好方法。我们可以和他们一起行走，引导他们关注每一步。

练习

在梅村，我教年轻人用一首简单的偈颂来练习行禅。吸气时默念："Oui，oui，oui"，呼气时默念："Merci，merci，merci"。"是，是，是。谢谢，谢谢，谢谢。"我希望他们以积极的方式回应生命、社会和地球。他们非常享受这样的练习。

我这样向他们解释行禅："只需允许自己存在！允许自己享受存在于当下一刻。地球是如此美丽。享受这地球吧。你也很美，你就像地球一样是个奇迹。”

“要记住，在你走路的时候，你不是要去往任何地方，但每一步都会帮助你到达。要到达哪儿呢？要到达当下一刻 —— 到达此时此地。你无须其他任何东西来获得幸福快乐。”

当孩子们带着这种觉知行走时，他们就是在行禅。

帮助孩子处理愤怒和强烈情绪

情绪只是一场风暴。它来了，停留一阵子，然后会离去。当情绪风暴来临时，孩子完全处于风暴的中心。作为成年人，我们可以辨识自己的情绪风暴，对它微笑，拥抱它，并从中获益良多。在陪伴一个正经历强烈情绪的孩子时，我们需要非常安定的正念呼吸，并跟孩子分享这种方法。

练习

每当孩子经历强烈情绪时，你可以把孩子抱入怀中，或者只是握住他们的手，邀请他们和你一起练习。跟孩子分享你的安稳："握住我的手，我们一起呼吸，好吗？"

吸气，我感觉肚子鼓起来。
呼气，我看见肚子缩回去。
鼓起来。
缩回去。

一起深长地呼吸，一起缓慢地呼吸。没事的。你正在将自己安稳的能量传递给孩子。孩子吸气时感到强壮，孩子呼气时感到轻松。吸气，孩子的心开始平静下来。呼气，孩子的嘴角开始展现笑容。

一些年龄较大的孩子或经常生气的孩子可以随身携带一块鹅卵石。然后，他们可以去坐在外面一棵特别的树下、一块特别的石头上，或者在他们的房间里。你可以教他们拿着鹅卵石说：

这是我的鹅卵石，当一天中事情不如意的时候，我会用它来练习。每当我生气或伤心时，我会把鹅卵石握在手中，深深地呼吸。我会这样练习，直到我平静下来。

鼓励孩子们随身带着鹅卵石，当哪天发生让他们不开心的事情时，他们可以从口袋里拿出鹅卵石，深深地呼吸，并说：

吸气，我知道我在生气。
呼气，我在好好地照顾我的愤怒。

当他们呼吸并默念时，他们可能还在生气。但他们是安全的，因为他们正在像母亲拥抱哭泣的婴儿一样拥抱他们的愤怒。这样修习一段时间后，他们的脾气会开始平静下来，能够对自己的愤怒微笑：

吸气，我看到内心的愤怒。

呼气，我对我的愤怒微笑。

当孩子能够微笑时，他们可以把鹅卵石放回口袋里，以备下次使用。这可能是提醒孩子们的好时机，当我们这样照顾自己的愤怒时，我们就是在练习“正念”。正念就像阳光一样，毫不费力地照耀万物，而万物则因它而转化。当我们以正念之光照耀愤怒，愤怒也会转化，就像花朵在阳光下绽放一样。

你可以教孩子们如何通过观察呼吸时小腹的起伏来照顾他们的恐惧或愤怒情绪。当孩子感到害怕或生气时，如果他们已经忘了你分享的练习，你只需要轻轻提醒他们就可以了。

家庭用餐

几年前，我问一群孩子：“吃早餐的目的是什么？”一个男孩回答说：“为了得到一天所需的能量。”另一个孩子说：“吃早餐的目的是为了吃早餐。”我认为第二个孩子更正确。吃饭的目的就是为了吃饭。

我们尽可能每天至少与全家人一起吃一顿饭。一起吃饭时，我们共同培养家庭的和谐与爱。用餐前可由一人诵读五项观想，或全家人一起念诵。我们发挥自己的巧思和创意，让每个人都能享受这段时光。

练习

保持静默，吸气和呼气三次。彼此相望，觉知彼此的存在，用餐前如此保持静默两分钟。你可以为年轻的家庭成员诵读进食前的观想：

第一项观想：

这食物是来自整个宇宙的礼物：大地、天空、雨水和太阳。

第二项观想：

感恩准备这些食物的人，尤其是农民、市场的商贩和厨师。

第三项观想：

我们只拿取自己所需分量的食物。

第四项观想：

我们慢慢咀嚼，并好好享用这些食物。

第五项观想：

这些食物给予我们能量，让我们培养更多的爱和理解。

第六项观想：

我们吃这些食物是为了保持健康幸福，并让一家人相亲相爱。

这项练习很简单。只需要正念进食，你就值得享用这些食物。如果你进食时缺乏正念，你就没有善待食物和准备食物的人。我总会提醒自己适量进食。我知道食物在我的健康中起着重要作用。这就是为什么我愿只吃那些维持健康和幸福的食物。成年人和孩子们都可以这样练习。

邀请钟声

大家一同呼吸是非常美妙的。我们自己能够正念呼吸固然重要，但当全家人聚在一起，共同呼吸时，会产生一种美妙的能量，拥抱每一个人。我们的心连结在一起。如果家里有人生气或发生争吵，那正是邀请钟声的好时机。

家里的任何成员都有权在家庭不够和平时邀请钟声响起。当哥哥生气，或妈妈哭泣时，家里的某个人走到钟或磬前，请钟声响起，这样家里的每个人都可以练习三次正念呼吸。如果我们这样练习一周，每天清晨和傍晚，或者当家里不够和平的时候来练习九次呼吸，那家庭中就会有更多的平静与和谐。

练习

我有很多朋友，有些还很年轻，他们都喜欢邀请和聆听钟声。清晨上学前，他们会坐下来，邀请钟声响起，享受吸气与呼气。用早饭前修习邀请钟声，吸气与呼气，他们可以以和平、宁静和安稳开始崭新的一天。因此，与其祝愿对方“有个美好的一天”，你可以通过邀请钟声，正念呼吸来帮助他们开启美好的一天。睡觉前，你们可以全家坐在一起，邀请钟声，一同吸气与呼气。这将非常美好和平。

小孩子和成年人邀请钟声是一样的。首先向钟磬合十鞠躬，再把小磬放在手掌上，吸气与呼气，念诵偈语，然后邀请磬响半声。在吸气与呼气的时候，用以下的偈颂来练习：

身语意清净，
钟声传心意。
闻钟者觉醒，
离苦恼忧悲。

然后，请磬轻响半声。现在，给所有人有一次吸气和一次呼气的时间来准备。接着，邀请一声完整的磬声。在完整的磬声之后，念诵这偈语，正念呼吸三次：

静听，静听。
这美妙的钟声，
把我带回真正的家园。

深深地聆听并享受磬声。这是培养和平的修习。在这个时刻之后，邀请另一声完整的磬声。慢慢地吸气与呼气三次。最后，邀请第三声也是最后一声完整的磬声。然后再吸气与呼吸三次。之后，你把磬放回到垫子上。

年轻的请钟师应该知道，他的入息和出息比成年人的要短。所以在邀请钟声响起后，他应该享受三遍呼吸，然后给成年人多一点时间，让他们全然享受三遍吸气和呼气。如果这样做，他是非常贴心的，因为聆听钟声的时刻就是享受自己的存在、享受和平与生命的时刻。我这样坐着聆听，觉得非常享受。这是非常疗愈和滋养的。

鹅卵石禅

我喜欢在口袋里带一些鹅卵石。在我的口袋里没有信用卡或钱。里面也许有一张纸、一个小磬之类的东西。

这些鹅卵石提醒我，我们是人类花园中的花朵。如果我们不知道如何保持清新，我们就会受苦，无法为我们所爱的人提供足够的美。

练习

做一个小袋子，把你在户外收集的四颗鹅卵石放进去。大家可以围坐一圈，让孩子或家里其中一位成员扮演请钟师的角色。在邀请钟声响起三次并享受吸气与呼气后，将鹅卵石从袋子里倒出来，放在你左边的地上。用右手拿起其中一颗鹅卵石，看着它。第一颗鹅卵石代表一朵花。它也代表你自己的清新和像鲜花一样的本质。

把鹅卵石放在你左手的手掌上，然后把左手手掌放在右手手掌上，开始观照鲜花的本质：

吸气，我看到自己是一朵花；
呼气，我感觉清新。

这不是假装，因为你的确是人类花园中的一朵花。把自己看作一朵花。在练习中微笑非常有帮助，因为花总是微笑着。练习花朵/清新三次。之后，将鹅卵石放下，放在你右边的地上。

然后拿起第二颗鹅卵石并观察它。这颗鹅卵石代表一座山。山意味着安稳。你就是你自己，你是稳定的，是坚实的。没有安稳，你无法真正幸福快乐。你会被挑衅、愤怒、恐惧、后悔或焦虑所左右。这个禅修最好在坐姿中练习，因为在半莲花或莲花坐姿中，你的身体感到非常稳定和坚实。即使有人来推你，你也不会倒下。将第二颗鹅卵石放在左手后，开始用山来观照：

吸气，我看到自己是一座山。
呼气，我感觉安稳。

重复山 / 安稳三遍。当你安稳时，你的身心不会再动摇。

第三颗鹅卵石代表静水。有时，你会看到一个湖泊，湖水如此平静，能够准确地反映出周围的一切。它如此平静，可以反映蓝天、白云、山和树。你可以将相机对准湖面，拍摄天空和山的倒影。当你的心平静时，它如实反映事物。你不会成为错误认知的受害者。当你的心被欲望、愤怒或嫉妒扰乱时，你会错误地认知事物。错误的认知会带来很多愤怒、恐惧、暴力，并驱使我们说错话或做出破坏一切的事情。这个练习帮助你恢复平静与和平，如静水一样。

吸气，我看到自己是一池静水。
呼气，我如实反映一切。

重复静水 / 反映三遍。这不是一厢情愿的想法。通过正念呼吸，你可以让呼吸、身体和感受都平静下来。

第四颗鹅卵石代表空间和自由。如果你心中没有足够的空间，就很难感受到幸福快乐。如果你正在插花，就会了解花朵需要四周的空间才能散发其美丽。每个人也需要一些空间。如果你爱一个人，你能给予他最珍贵的东西之一就是空间。这在超级市场是买不到的。想象月亮在天空中航行。月亮周围有很多空间，这是它美丽的一部分。

吸气，我看到自己是无限空间。
呼气，我感觉自在。

重复空间 / 自在三遍。每个人都需要自在和空间。你可以提供空间给你家中所爱的人。不要把你的想法或方式强加于对方，你可以提供他们这个鹅卵石禅作为礼物。这样，你就有可能帮助你的家人消除心中的忧虑、恐惧和愤怒。

呼吸室

每个家都应该有一个房间叫作“呼吸室”，或者至少预留一个角落作此用途。在这里，我们可以放足够的坐垫，以及一张小桌子，上面放一朵花和一个小钟，让全家人都可以在这里静坐。当我们感到不安、悲伤或愤怒时，可以进入这个房间，关上门，坐下来，邀请钟声响起，并练习正念呼吸。当我们这样呼吸十分钟或十五分钟之后，我们会开始感觉好一点。如果我们不这样练习，可能会发脾气，大喊大叫或与对方发生争执，在家庭中造成巨大的风暴。

在梅村的一次夏季禅营中，我问一个小男孩：“我的孩子，当你的爸爸发怒时，你有什么方法可以帮助他吗？”孩子摇了摇头：“我不知道该怎么做。我非常害怕，并试图逃跑”。当孩子们来到梅村时，他们可以学到呼吸室的作用，这样就可以在父母愤怒时帮助他们。我告诉这个小男孩：“你可以邀请父母进入你的呼吸室，和你一起呼吸。”

练习

设立呼吸室或呼吸角是家庭成员必须事先同意的事情。当每个人都感到幸福时，就是要求家人签署协议的好时机。你可以说:“有时我们会生气，对彼此说伤害的话，这会让人很害怕。下次再发生这种情况时，我们可以进入呼吸室，邀请钟声来提醒我们回到呼吸。”

如果当下你的孩子很快乐，他就会乐意同意。作为一个年幼的孩子，他内心仍然非常清新。孩子可以利用他的清新来帮助父母。他可以对父母中的任何一方说:“跟我一起到呼吸室。我们一起呼吸，不要争吵。你觉得如何？”

如果父母中只有一方同意他的话，当另一方说一些不友善的话时，他可以拉着同意的那一方的手说:“我们去呼吸室吧”。当另一方看到时，可能会醒觉。

一旦你进入呼吸室，你就有钟声和正念的保护。家庭中的每个人都可以签署一份协议，说明:“当我们在呼吸室中听到钟声时，那声音就是在呼唤我们家中每个人停下来呼吸。之后，没有人会继续喊叫。”全家人都可以做出这个承诺，在钟声响起时停下来呼吸，这叫作“和平喜乐生活协议”。如果你能在家里实践这个练习，大约三个月之后，你就会感觉到家庭的气氛变得愉快多了。孩子们心中的伤痕会得到抚慰，并逐渐愈合。

四句真言

真言是神奇的口诀。每当我们念出一句真言，就会立即改变状况，不需要等待。我们必须在适当的时机念出，并带着正念和专注，否则它不会有效果。

练习

修习四句真言对大人和小孩都是一样的。

第一句真言：“亲爱的，我为你而在”。不一定要用梵文或藏文练习，你可以用自己的语言念出。为什么要用这句真言？因为当你爱一个人时，你必须把最好的给他。而最好的，就是你的真实存在。

第二句真言：“亲爱的，我知道你在这里，我很幸福”。爱就是承认你所爱之人的存在。你必须要有时间。如果你太忙了，你怎么可能注意到他的存在呢？练习的条件是你要百分之百地在那里。如果你不在，那么你就无法觉知对方的存在。无论你是年轻还是年老，当有人爱你时，你需要对方承认你的存在。

只有当你真的存在于此时此地，你才能去爱，而为了真的存在，你必须能安住于此，无论是通过正念呼吸或正念步行，任何一种正念练习都能帮助你做个真正的自由人，在此陪伴你所爱的人。因为你在这里，你有正念，所以能注意到你爱的人受苦。当你觉察到他在受苦的那一刻，你必须深刻地修习，才能百分之百地陪伴在他身边。走到他身边，念出第三句真言。

第三句真言是“亲爱的，我知道你在受苦，所以我为你而在”。当你受苦时，你希望你爱的人知道，这是人之常情，很自然的。如果你爱的人不知道你在受苦，或是他忽略了你的痛苦，你就会更痛苦。所以，如果你爱的人知道你在受苦，那会是很大的安慰。在他们做任何事情来帮助你之前，就已经减少了痛苦。这并非是孩子们的练习，每个人都可以这样做，让家庭变得幸福快乐。尝试几个星期，你就会发现，家中的情况会有显著的改变。

第四句真言是“亲爱的，我在受苦，请帮助我”。第三句真言在你所爱的人受苦时运用。而当你自己受苦时，你可以用第四句真言。你认为最爱的人导致了你的痛苦，这就是为什么你会感到如此困难。当你深爱的人说了伤害你的话，或做了伤害你的事，你就会很痛苦。如果是其他人说了或做了什么，你不会那么痛苦。但是，这正是你在这个世界上最爱的人，他却对你做了那样的事，对你说了那样的话，这就是你无法忍受的原因。你的痛苦倍增。这时候就必须修习第四句真言。你要去找那个你最爱的人。他刚才深深地伤害了你，你要带着全然的觉知、全然的正念和全然的专注去找他，然后念出第四句真言。

这是相当困难的。但是如果训练自己，你就可以做得到。当你受苦，而且认为让你受苦的正是你最爱的人时，也许你会想一个人待着。你想把自己关在房间里，一个人哭泣。你不想见他，不想和他说话，不想接触他。“离我远点！”这是非常正常的。即使对方试着接近你、与你和好，你还是很生气。

你是否可以练习第四句真言？你似乎不想这样做，因为你觉得不需要他的帮助。你想要别人的帮助，而不是他。你想要独立：“我不需要你”！你的自尊心深受伤害。这就是第四句真言如此重要的原因。走到他身边，深呼吸，百分之百地做你自己，非常专注地说你很痛苦，你需要他的帮助。

为了能够实践这一点，你必须训练自己一段时间。你可能会倾向于告诉这个人你不需要他。你可以自己生存，完全独立。但是，如果你懂得用智慧来看待这种情况，你就会发现这不是一件明智的事情。因为当我们彼此相爱，我们需要彼此，尤其是当我们受苦时。你很确定你的痛苦是来自他吗？也许你错了。也许他做那些事或说那些话不是为了伤害你。可能你误解了，或许你有错误的观念。

你现在必须训练自己，以便为下次受苦时做准备。如此在那个时候，你就能练习第四句真言。练习行禅、坐禅、正念呼吸来恢复自己，然后去找他，念出真言：“亲爱的，我在受苦。

你是我在这个世界上最爱的人，请帮助我”。不要让你的骄傲阻挡在你和他之间，真爱中容不下骄傲。如果骄傲仍然存在，你就知道必须修习才能将你的爱转化为真爱。

孩子们还小，他们有很多机会来学习和训练自己去实践这些真言。我确信如果现在就教导他们、训练他们，日后当他们受苦时，他们就很容易说出口。我并不认为他们会经常使用第四句真言，但这是一句非常重要的真言。也许一年只需要使用一到两次，但这却是非常重要的。让他们把真言写下来，放在某个地方，每当他们非常痛苦时，鼓励他们去拿出这些真言，并尝试修习。

冰箱里的蛋糕

如果我们还没有能力购买一个小钟或在家中设置呼吸室，我们可以使用蛋糕来修习。这是一个非常特别的蛋糕，它并非由面粉和糖做成。但我们可以不断地“吃”它，而且它永远都吃不完。它叫作“冰箱里的蛋糕”。

练习

假设有一天，当你的孩子坐在客厅，看到父母正要对彼此发脾气。一旦气氛变得沉重和不愉快，他就可以用蛋糕的练习来恢复家庭的和谐。首先，他吸气和呼气三次，给自己足够的勇气，然后看着母亲，对她说：“妈妈，妈妈”。当然，他也可以对父亲、祖父母或其他照顾他的大人这样做。母亲会看着他问：“怎么了，我的孩子？”他会说：“我记得冰箱里有蛋糕。”冰箱里是否真的有蛋糕并不重要。

说“冰箱里有蛋糕”，其实是说：“爸爸妈妈，别再让彼此受苦了。”听到这些话，父母会明白他的用意。母亲会看着他说：

“没错！你去外面把椅子整理好，准备野餐，我去拿蛋糕和茶来。”当母亲说这句话的时候，她已经找到了脱离困境的方法。孩子可以走到阳台等她。母亲现在有机会退出战斗。在孩子说话之前，她不能站起来离开，因为那是非常不礼貌的，而且可能会让孩子父亲的愤怒火上浇油。现在，母亲可以进厨房了。当她打开冰箱拿出蛋糕、烧开水泡茶时，她可以跟随自己呼吸。如果冰箱里没有真正的蛋糕，不用担心，她会找到可以代替蛋糕的东西。当她准备蛋糕和茶时，可以微笑，让身体和精神都感到轻松。

当孩子的父亲独自坐在客厅时，他也可以正念呼吸。渐渐地，他的怒气会平息下来。当茶和蛋糕在桌上放好之后，他可以慢慢地走到阳台，在轻松和充满谅解的气氛中加入茶聚。如果他迟迟不肯出来，那么孩子可以跑进屋子，拉着他的手，劝他出来，说：“请来和我一起喝茶吃蛋糕”。

橘子禅

有些人吃橘子时，并不是真的在吃橘子。他们吃的是自己的悲伤、恐惧、愤怒、过去和未来。他们并没有真正的身心一体。当我们吃橘子时，我们可以将吃橘子的过程变成禅修。坐着的时候，我们的坐姿要让我们觉得舒服、安稳。我们看着橘子，将其视为一个奇迹。专注是非常重要的。我们知道，当我们吃冰淇淋时，如果我们开着电视，我们就不能将注意力放在冰淇淋上，无法专心吃冰淇淋。如果没有正念和专注，我们就无法真正享受自己和橘子。

练习

请孩子把橘子放在手心，一边呼吸一边看着它，让橘子真正存在。如果孩子没有全然在此时此地，橘子也并不真正存在。请他想象橘子树，想象橘子开花，想象阳光和雨水渗透橘子树，想象小小的果实成形。现在，果实已经长成一个美丽的橘子。因此，只是看着橘子微笑，他就能接触到生命的奥妙。有时候他会忽略一个事实，那就是他手掌中的橘子真的是一个奇迹，一个生命的奇迹。在他之中和周围有许多生命的奇迹。所以当他这样看着橘子，对着橘子微笑时，他真的看到橘子树的灿烂，看到橘子树的奇迹。忽然间，他自己也成了奇迹，因为他就是奇迹。他的存在就是奇迹。这是一个奇迹与另一个奇迹相遇。

当他深入地看着橘子时，他会看到许多奇妙的景象：太阳照在橘子树上，雨水落在橘子树上，橘子开花，小小的果实出现在树枝上，果实的颜色从绿色变成黄色，然后是长大了的橘子。现在，请他慢慢开始剥皮，闻一闻橘子皮奇妙的香味，掰下一瓣橘子放入口中，尝尝它美妙的汁液。

橘子树花了三四个或六个月的时间为孩子长出这样的橘子。现在橘子已经成熟，它说："我在这里等你。"但是如果孩子不在当下，他就听不到。当他不在此时此地看着橘子时，橘子也不在当下。在吃橘子时，全然存在是一种令人愉快的经验。

拥抱树木

三十年前，我在梅村的家中种植了三棵雪松，现在它们已长得又大又漂亮。当我行禅时，通常会在其中一棵树前停下来，并向它鞠躬，它让我觉得充满了喜悦。我用脸颊触摸树皮，闻着树的味道，仰望美丽的树叶。我感受到树的力量和清新。我深深地吸气和呼气，这是非常愉快的。有时候我会停留很长的时间，就只是享受这棵可爱的树。

当我们触摸一棵树时，我们会得到一些美丽和清新的回馈。树是美好的！它们即使在暴风雨中也很稳固。我们可以从树身上学到很多东西。

练习

让孩子找一棵对他来说特别美丽的树，也许是苹果树、橡树或松树。当他停下来深入地接触一棵树，就会感受到树的美好品质。深呼吸可以帮助他更好的连结。让他吸气，触摸树，然后呼气。这样做三次。以这种方式触摸树木会让他感到神清气爽、心情愉快。

然后，如果他喜欢的话，可以拥抱树。拥抱树是一种奇妙的做法。当他拥抱树时，树永远不会拒绝。他可以依靠树。树总是可靠的。每当他想见树的时候，每当他需要树荫的时候，树都会为他而在。

今日节

我们有各种各样的特别节日。有一个纪念父亲的特别节日，我们称之为父亲节。有一个特别的日子来为我们的母亲庆祝，我们称之为母亲节。还有新年、劳动节和地球日等。有一天，一个来梅村的孩子说：“为什么不把今天宣布为今日节呢？”所有的孩子都同意，我们应该庆祝今天，把它叫作今日节。

练习

在这一天，今日节，不要想昨天，不要想明天，只想今天。今日节，我们幸福快乐地活在当下。吃东西时，我们知道自己在吃。喝水时，我们知道自己喝的是水。走路时，我们真正享受每一步。玩耍时，我们会真正地投入玩耍中。

今天是美好的一天。今天是最美好的一天，这并不表示昨天不美好，但是昨天已经过去了。也不意味着明天不会精彩，但明天还未来临。今天是我们唯一可以好好把握的一天，这就是为什么今天如此重要——这是我们生命中最重要的一天。

因此，每天早上当孩子醒来时，让他决定把这一天当成最重要的一天。在他去学校之前，请他坐下或躺下，慢慢吸气和呼气几分钟，享受他的吸气，享受他的呼气，并且微笑。他在这里，他很满足，他很平静。这是开始一天的好方法。

让他尝试一整天都保持这种精神：记得回到呼吸，以爱心善意地看待别人，微笑，并为生命的馈赠感到高兴。祝你今天愉快。这不只是一个愿望，这是一种实践。

结语

所有这些练习都有相同的基本目的：将我们的心带回我们的身体，让我们真正的临在，并全然地活着，让一切都在正念的照耀下发生。每个练习本身都非常简单。我们吸气，我们呼气；我们在正念中迈出每一步；我们深入地倾听所爱的人，仔细地观察周围的美景。但这些简单的练习，能帮助我们触及无生无灭、无有分离的真实本性。

如果我们想要自己和世界和平，我们就必须修习。否则，我们就没有足够的正念能量来处理我们的恐惧和愤怒，以及我们所爱之人的恐惧和愤怒。正念修习对于我们生存、内心和平以及自我保护是不可或缺的。我们所有人，以及我们的家庭、社会和世界，都需要来自修习正念和深入观照的智慧与洞见。我们可以觉知到，我们的内心拥有觉悟、理解、慈爱和喜乐的宝藏。是时候回来接受我们的遗产了。这些修习可以帮助我们认领它。

我们真正的遗产

珠宝遍满世间，
我今早赠予你。
满掌亮丽金刚，
昼夜不停闪耀。

每秒皆是宝玉，
蕴含地水云天。
只需轻轻呼吸，
万千奇迹显现。

鸟鸣松歌花开，
蓝天白云在此。
慈爱眼神耀亮，
笑容充满觉知。

世间最富有者，
古今他方求食。
请莫再演穷子，
回来接管家财。

赠献彼此幸福，
安住当下此刻。
放下愁苦之流，
双手拥抱生命。

—— 一行禅师